上海大学出版社

2005年上海大学博士学位论文 59

钢液RH精炼非平衡脱碳过程的数学模拟

● 作 者： 胡 汉 涛

● 专 业： 钢 铁 冶 金

● 导 师： 魏 季 和

A Dissertation Submitted to Shanghai University for the Degree of Ph. D. in Engineering (2005)

Mathematical Modeling of Non-equilibrium Decarburization Process during the RH Refining of Molten Steel

Ph. D. Candidate: Hu Hantao
Supervisor: Wei Jihe
Major: Ferrous Metallurgy

Shanghai University Press
· Shanghai ·

摘　要

回顾了钢液 RH 精炼技术的发展历程和取得的进展，概述了其冶金功能。分析和综述了有关该过程数学和物理模拟研究已有的成果和现状。另外，探讨了关于上升管中液相内气泡的直径和 RH 精炼过程脱碳机理的研究。

介绍了非平衡态热力学的基本理论。以纯净钢(超低碳钢和超低硫钢)的真空循环(RH)精炼为例，说明了冶金过程的非线性和非平衡性特征，分析了冶金反应工程学和非平衡态热力学的异同，讨论了基于非平衡态热力学和冶金反应工程学的观点、原理和方法研究和处理实际冶金过程的必要性和可行性。指出：为真实地定量描述实际冶金过程，必须充分考虑其非平衡性和非线性的特点；非平衡态热力学在冶金领域应该和能够发挥其作用，应该加强、加速开展和进行冶金过程非平衡态热力学及其应用的研究。对非平衡态热力学线性区的几种特殊情况分析了相应的本构关系、交互作用系数和唯象系数，并简要介绍和评述了已有的一些工作；从热力学稳定性分析出发，评述了非线性非平衡态热力学理论在电解和碳氧反应两个冶金过程中的应用研究。对非平衡态热力学线性区的几种特殊情况分析了相应的本构关系、交互作用系数和唯象系数，并简要介绍和综述了已有的一些工作；从热力学稳定性分析出发，评述了非线性非平衡态热力学理论在铝电解和钢液的脱碳两个冶金过程中的应用研究。

针对90 t RH多功能RH装置，在1∶5的水模型上，测定了钢液的循环流量，采用电导法测定了RH钢包内钢液的混合时间，显示了钢包内液体的流动状态和流场，由此研究了吹气管直径的变化对90 t RH装置内钢液的循环流动和混合特性的影响，得出以下结论：环流量随吹气管直径的增大有所增大，考虑吹气管直径影响的环流量关系为：$Q_l \propto Q_g^{0.23} D_u^{0.72} D_d^{0.88} d_{in}^{0.13}$；随着吹气管直径的增大，RH钢包内液体流态基本不变；随着吹气管直径的增大，混合时间略有缩短；在吹气管直径为1.2 mm情况下，混合时间与搅拌能密度的关系为$\tau_m \propto \varepsilon^{-0.49}$。

基于气-液双流体模型和湍流的修正k-ε模型，提出了RH循环精炼过程中钢液流动的数学模型，确定了模型的有关参数，按等截面喷枪内气体的加热和摩擦流计算了上升管内提升气体的入口参数，由气流和钢液间的传热估算了提升气体在上升管钢液内所达到的温度。应用该模型对90 t RH装置及线尺寸为其1/5的水模型装置内流体的流动作了模拟和估计，结果表明，该模型可以相当精确地模拟整个RH装置内液体的循环流动；吹入的提升气体主要集中在管壁附近，难以到达上升管的中心部位，存在气体的所谓附壁效应，在实际RH精炼条件下更为显著；增大吹气量和插入管内径可有效地提高RH装置的环流量，在一定条件下存在使环流量达“饱和”的提升气体流量临界值，而该模型可相当精确地给出“饱和”环流量和相应的提升气体流量。

基于非平衡态热力学和气液两相流的双流体模型，分析了钢液RH精炼非平衡脱碳过程的特点，研制和提出了一个新的钢液RH精炼非平衡脱碳过程的数学模型，给出了该模型的具体细节，包括控制方程的建立，边界条件和源项，以及有关参数的选取和确定。应用该模型于 90 t 多功能 RH 装置内钢液的精炼，对 RH 和 RH－KTB 条件下钢液的脱碳过程进行了模拟和分析，结果表明，以该模型可相当精确地模拟钢液真空循环脱碳精炼过程中钢液内 C、O 的含量随处理时间变化；钢液内 C、O 浓度的分布规律为钢液的流动特性所支配；钢液内的 C 高于 400×10^{-4} mass% 时，KTB 操作不仅可补充脱碳所需的氧量，使脱碳过程得以加速，从而在更短的时间内达到规定的碳含量水平，且可在脱碳终点达到较低的氧含量；RH 精炼过程中，上升管、真空室和自由表面及液滴群的脱碳效果分别约为 11%，46%，42%，无论是 RH 还是 RH－KTB 脱碳过程，都应当同时考虑上升管和真空室内液滴群的作用；对 90 t RH 装置，使用 417 NL/min 的吹 Ar 量即可获得较好的脱碳效果，在本工作条件下，进一步增加吹气量，并不能明显地改善钢液 RH 精炼过程脱碳的效果；在钢液 RH 精炼过程中，由气泡穿过液相时所作的曳力功、流动、扩散和化学反应等非平衡过程引起的体系内 Rayleigh-Onsager 耗散函数 κ^2 的值不大，精炼过程中非线性耗散因子 $q_e(\kappa)\approx1$ 在整个流场中处处成立；随着精炼时间的增长，体系内的熵产生和能量耗散很快减小；与气泡穿过液相时所作的曳力功、黏性和湍流耗散及扩散过程相比较，C－O 反应本身对熵产生和能量耗散起主导作用，低碳和超低碳钢的 RH 精炼过程似乎接近非平衡态的线性区；在钢液 RH 精炼过程中，黏性和湍流耗散及扩散过程对非平衡活度系数的影响几乎可予忽略不计，除有化学反应发生的部位（上升管、真空室）外，RH 装置中其他部位钢液内 C、O 非平衡活度系数的非平衡分量都趋于1；非平衡效应（主要是碳氧反应本身）对RH精炼过程中钢液的脱碳反应有抑制作用，与未考虑非平衡效应的情况相比较，本模型当能更合理和精确地模拟真空循环精炼中钢液的非平衡脱碳过程。

关键词　钢液RH精炼过程，非平衡态热力学，非平衡脱碳，数学和物理模拟

Abstract

The developing history and progresses obtained in the RH refining technology molten steel have been reviewed, and its metallurgical functions were briefly described, the available achievements and present situations for study on physical and mathematical modeling of this refining process have been analyzed and summarized. Also, the investigations of the gas bubble diameter in the liquid in the up-snorkel and the decarburization mechanism during the RH refining process of molten steel have been discussed.

The basic fundamentals of non-equilibrium thermodynamics have been introduced and described. Taking the vacuum circulation (RH) refining of clean steel (ultra-low-carbon and ultra-low-sulphur steel) as an example, the non-linear and non-equilibrium features of metallurgical processes have been illustrated. The similarities and differences between metallurgical reaction engineering and non-equilibrium thermodynamics have been analyzed. The necessity and feasibility investigating and dealing with practical metallurgical processes from the viewpoints, fundamentals and methods of non-equilibrium thermodynamics with metallurgical reaction engineering have been discussed. It is pointed out that to get a clear and true understanding of the natures and internal patterns of practical metallurgical processes and really and quantitatively describe the processes, their features of non-linear and non-equilibrium must be fully be taken into account. Non-equilibrium thermodynamics should and can play its proper role in the metallurgical area, and the studies on non-equilibrium thermodynamics of metallurgical processes and its applications should be enhanced and accelerated to develop and carry out. The corresponding constitutive relations between the thermodynamic fluxes and forces, interacting and phenomenological coefficients of a few of special cases located in the linear region of non-equilibrium thermodynamics, have been analyzed. Simultaneously, some available studies in the literature have been briefly introduced and summarized. Proceeded from themodynamic stability, the studies on application of non-linear and non-equilibrium thermodynamics theory to the two metallurgical processes of electrolysis of aluminum and decarburization of molten steel have also been reviewed.

The flow and mixing characteristics of molten steel during the vacuum circulation refining were investigated on a 1 : 5 linear scale water model unit of a 90 t RH degasser, respectively with the diameters of the ports of 1.2 and 0.8 mm. The flow patterns for the two situations were essentially same, and there were no obvious changes. The relation of the circulation flow rate with some main process parameters at din = 1.2 mm can be expressed as $Q_l \propto$

$Q_g^{0.26} D_u^{0.69} D_d^{0.80}$. The circulation flow rate slightly increases with an increase of the port diameter and the corresponding relation can be described by $Q_l = 2.40 Q_g^{0.23} D_u^{0.72} D_d^{0.88} d_{in}^{0.13}$. Relevantly, the mixing time little decreases with an increase of the port diameter. The relations of between mixing time and stirring energy density are $\tau_m \propto \varepsilon^{0.5}$ and $\tau \propto \varepsilon^{0.49}$, respectively at $d_{in} = 0.8$ mm and $d_{in} = 1.2$ mm.

Based on the two-fluid (Eulerian-Eulerian) model for a gas-liquid two-phase flow and the modified $k-\varepsilon$ model for turbulent flow, a three-dimensional mathematical model for the flow of the molten steel in the whole degasser during the RH refining process of molten steel has been proposed and developed with considering the physical characteristics of the process, particularly the behaviors of gas-liquid two-phase flow in the up-snorkel and the momentum exchange between the two phases. The related parameters of the model have been determined, and the lifting gas properties at the inlet section in the up-snorkel has been calculated with considering the gas stream in the gas blowing pipe being a heating and friction flow. In addition, the lifting gas temperature reached in the molten steel of the up-snorkel has been determined from the estimated results for the heat transfer between the gas jets and the liquid steel. The fluid flow fields and the gas holdups of liquid phases and others respectively in a 90 t RH degasser and its water model unit with a 1/5 linear scale have been computed using this model. The results showed that the flow pattern of molten steel in the whole RH degasser could be well modeled by the model. The liquid can be fully mixed during the refining process except the area close to the free surface of liquid and zone between the two snorkels in the ladle, but there is a boundary layer between the descending liquid stream from the down-snorkel and its surrounding liquid, which is a typical liquid-liquid two phase flow, and the molten steel in the ladle is not in a perfect mixing state. The lifting gas blown is rising mostly near the up-snorkel wall, which is more obvious under the conditions of a practical RH degasser, and the flow pattern of the bubbles and liquid in the up-snorkel is closer to an annular flow. The calculated circulation rates for the model unit at differ-ent lifting gas rates are in good agreement with the determined values.

Considering the characteristics of the non-equilibrium decarburization process during the RH refining of molten steel, a new mathematical model has been proposed and developed on the base of the metallurgical reaction engineering and non-equilibrium thermodynamics theories and the two-fluid model for gas-liquid two-phase flow. The details have been presented, including the establishment of the control equations, the determination of the boundary conditions and the source items and the related parameters. The decarburization processes in a 90 t RH degasser under the RH and RH - KTB operating conditions have been computed using this model. The results showed that the carbon and oxygen contents in the molten steel during the refining process could well precisely be modeled using this model. The flow characteristics governed the distributions of the carbon and oxygen concentrations in the molten steel. When the initial carbon concentration is higher than 400×10^{-4} mass%, the top oxygen blowing can not only supply the oxygen needed for the decarburization process, and accelerate the decarburization process, thus achieving the specified carbon content level in a shorter time, but also reach a lower oxygen content at the decarburization endpoint. Under the conditions of the RH and RH - KTB refining processes, the contribution at the up-snorkel zone is about 11% of the overall amount of decarburization, correspondingly, the distributions at bath and free surface with the droplets in the vacuum vessel are about 46% and 42% respectively. For the refining in the 90 t RH degasser, a better effectiveness of decarburization can be achieved using an argon blowing rate of 417 NL/min, and increasing further the argon blowing rate can evidently not improve the decarburization effectiveness in the RH refining process of molten steel under the conditions of the present work. The value of the Rayleigh-Onsager dissipation function κ^2 caused from the viscous flow, mass diffusion and chemical reaction and others in the system is not large during the throughout RH refining process of molten steel, and smaller than 1.0×10^{-13}, thus it will be held everywhere in the whole flow field of the system that the value of the non-linear dissipation factor $q_e(\kappa)$ is approximately equal to 1. The entropy generation and energy dissipation in the system will rapidly decrease with increasing of the refining time.

Compared to the drag work done by the bubbles as they migrate through the liquid phase, the turbulent viscous flow and diffusion processes, the carbon and oxygen reaction itself in molten steel will, relatively, play a governing role to the entropy production and energy dissipation in the system, and the RH refining process of low and ultra-low carbon molten steel seems to be close to the linear zone of the non-equilibrium state. The influences of the viscous flow and turbulent dissipation as well as diffusion processes on the non-equilibrium activity coefficient of the carbon and oxygen in the molten steel may almost be neglected, and except the regions taking place the chemical C－O reaction (the up-snorkel and vacuum vessel), the non-equilibrium components of the non-equilibrium activity coefficients of C and O in the molten steel at the other places will be reached 1. The non-equilibrium effects (mainly, the C－O reaction itself) give a repressing role on the decarburization reaction of liquid steel in the RH refining process. Compared to that without considering the non-equilibrium effects, this model would be able to model more reasonably and precisely the non-equilibrium decarburization process during the vacuum circulation refining of molten steel.

Key words RH refining process of molten steel, non-equilibrium thermodynamics, non-equilibrium decarburization, mathematical and physical modeling

目　录

第一章　绪　论

1.1　RH 精炼过程概要

1959 年，联邦德国的 Rurstahl 和 Heraeus 公司联合开发了钢液的 RH 真空循环精炼工艺，解决了锻造用钢的脱氢处理问题。图 1.1 为世界上第一台 RH 装置简图[1]。1963 年，日本引进了 RH 法[2]。自此，RH 工艺取得了长足的进步和发展。从最初单一的脱氢功能发展到能够脱碳、脱氧，再后不断充实，扩大到具有吹氧、升温、成分控制、脱硫、磷和去除夹杂等功能。到目前为止，RH 已经由单纯的脱氢装置发展到几乎具有所有二次精炼功能的炉外精炼设备。由于精炼功能完备、效率高、效果好和适于大量处理，RH 法越来越成为钢液二次精炼的主要设备，许多大中型转炉炼钢厂采用转炉- RH 精炼-连铸的工艺流程用于低碳和超低碳钢的生产，新日铁[2]和川崎[3]甚至采用此工艺流程生产[C]＞200×10^{-4}mass%的不锈钢。

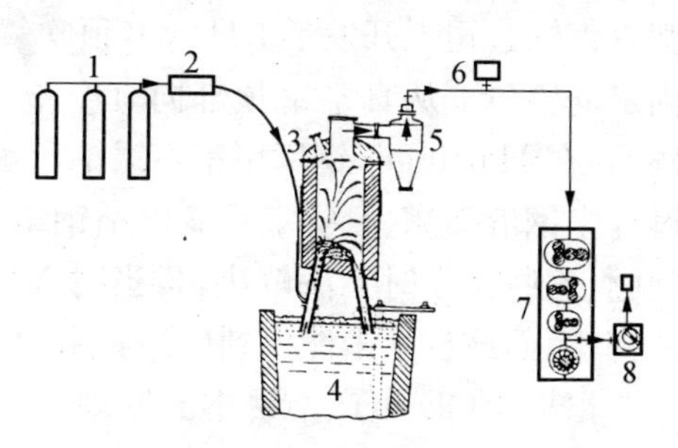

图 1.1　RH 设备简图

RH 精炼技术的发展主要经历了两个阶段：

1963—1980 年为发展阶段。这段时期，主要经历了 RH 装置的不断改进和 RH 冶炼原理的揭示，另外，70 年代后期新日铁发展的 RH 轻处理技术和连铸用钢的大批量处理技术将 RH 处理推入到一个新的发展阶段。

1980— 与连铸技术匹配，进一步优化了RH精炼工艺和设备参数，开发了众多的精炼功能，而这些功能与RH精炼过程中的喷吹工艺紧紧联系在一起。下面将介绍RH精炼过程中的喷吹工艺，简要分析其冶金功能及扼要介绍RH精炼过程计算机控制工艺模型的应用概况。

1.2 RH精炼过程中的喷吹工艺

1.2.1 RH精炼过程中的吹氧

图1.2为RH精炼过程一些吹氧操作的示意图。1969年，德国蒂森钢铁公司[4]开发了RH－O(顶吹氧技术)。如图1.2(a)所示，在固定的枪位下从真空室顶部向真空室内的钢液表面吹氧，以强制脱碳，并在Hattinger钢厂用于不锈钢和耐酸腐蚀钢的冶炼。但在吹氧过程中钢液喷溅、真空室及氧枪粘钢结瘤严重，还存在动密封的性能问题，这些在当时无法解决，且当时VOD精炼技术已能顺利生产不锈钢，因而该技术未能得到广泛应用和发展。

根据VOD生产不锈钢的原理，新日铁室兰制铁所[2]于1972年开发了RH－OB(浸没式真空吹氧技术)，如图1.2(b)所示；其喷嘴为双层套管式，内层吹O_2/Ar或N_2，外层吹起冷却保护作用的惰性气体Ar或N_2，从而使Cr系不锈钢能通过RH处理与转炉相配合进行大批量生产。随后，新日铁大分制铁所又在此基础上发展了强制脱碳和加铝吹氧升温生产低碳铝镇静钢技术。20世纪80年代，RH－OB技术得到了较快的发展。宝钢和法国SOLLAC DUNKIRK厂将RH－OB用于冶炼超低碳钢，减轻了转炉脱碳负荷，并缩短了RH脱碳处理的时间[5]。该技术的缺点在于易造成真空室内钢液喷溅，使真空室结瘤加剧，清除结瘤及辅助作业时间长；耐材蚀损不均匀，下部槽和喷嘴寿命短，设备作业率较低，等等。所有这些促使人们进一步寻求更为合理的RH精炼过程中的吹氧技术。

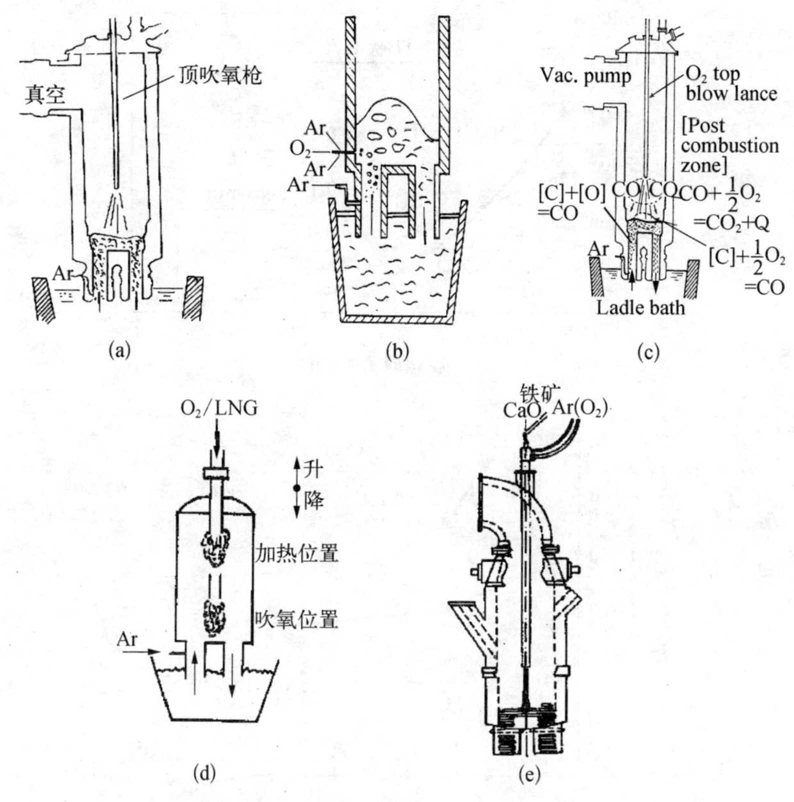

图 1.2　RH 精炼过程中吹氧操作示意图

(a) RH - O　(b) RH - OB　(c) RH - KTB　(d) RH - MFB　(e) RH - MESSID

随着用户对超低碳钢需求的不断增长和质量要求越来越高，为了强化 RH 精炼的脱碳过程，改进和优化超低碳钢的生产工艺，1986 年日本川崎公司千叶制铁厂[6]开发了 RH - KTB(真空顶吹氧)技术，如图 1.2(c)所示，并率先在其第三炼钢厂投入使用。RH - KTB 技术解决了真空下 RH - O 氧枪的动密封问题和 RH - OB 的喷溅问题，其优越性主要体现在：通过向真空室钢液面吹氧，精炼初期强制脱碳，提高了脱碳速度，缩短了脱碳处理的时间，并使转炉终点碳含量可提高200—300$\times10^{-4}$mass%，如图 1.3(a)所示；使脱碳产生的 CO 发生

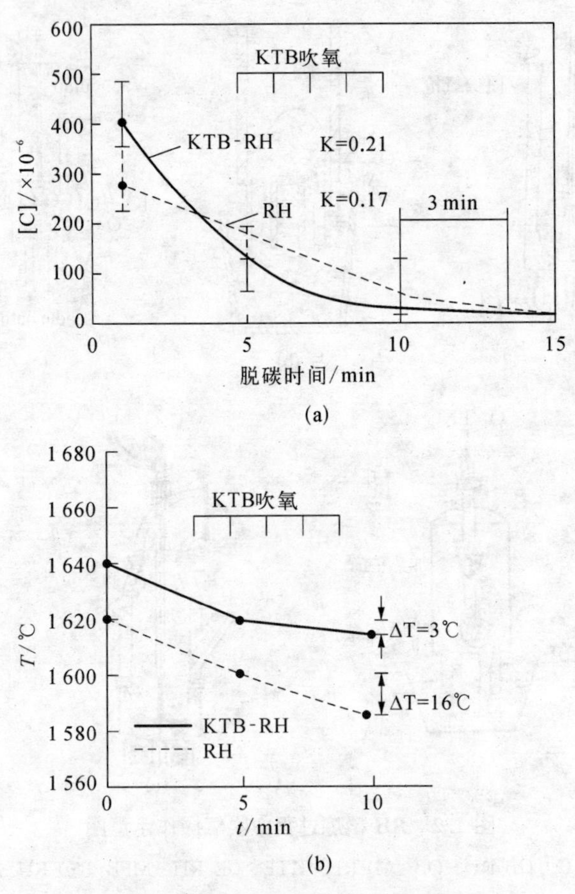

图 1.3　RH－KTB 的工艺效果

二次燃烧，产生的热量补偿了钢液的温度降低，使转炉出钢温度平均降低 26℃，如图 1.3(b)[7] 所示；可通过加铝燃烧，以化学方式加热钢液，待机时可吹氧除去真空室结瘤，等等。因此，RH－KTB 技术诞生后迅速在世界范围内得以推广。

1992 年，新日铁制铁株式会社广畑制铁所开发了 RH－MFB(多功能喷嘴)技术，如图 1.2(d)[8] 所示，并于次年在该厂用于超低碳钢的生产。MFB 氧枪由四层钢管组成，中心管内吹 O_2，环缝内吹天然气(LNG) 或焦炉煤气(COG),外管间通冷却水。其冶金功能与KTB相近,同时还具有吹氧气和天然气燃烧、在大气状态下烘烤真空室及清除真空室内壁的结瘤物、真空状态下加热钢液及防止真空室顶部形成结瘤物等功能。攀钢是世界上第一个引进RH-MFB技术的厂家[8],并于1997年投产。当时,该技术并没有很好地解决氧枪的动密封性能问题。

1994年,MDH-MESSO钢公司开发的RH-MESSID在比利时SIDMAR钢厂投入使用,其技术核心是MESSID枪在工作状态下采用脉冲气流,减小了氧气流对钢液面喷溅的影响,如图1.2(e)[9]所示。该顶枪由升降设备带动,可停在吹氧、喷粉、燃气加热、待机四个工位,将吹氧脱碳、铝燃烧化学加热钢水、燃气加热功能结合起来,并可向真空槽内喷吹脱硫和脱磷粉剂冶炼超低硫和超低磷钢。

1.2.2 RH精炼过程中的喷粉

由于原材料造成钢液的增硫和转炉出钢后顶渣的回硫和回磷,对超低硫和超低磷钢的冶炼而言,一般地,转炉出钢后必须进行钢液的二次精炼。喷粉冶金具有良好的动力学条件,是最常用的精炼手段之一。与单一的喷粉冶金技术相比,在RH精炼过程中进行喷粉具有粉剂利用率和精炼效率高,受钢包顶渣的影响小,同时可以去除夹杂、防止增氮、脱氢和少量脱氮的优点。

图1.4(a)[10]为我国内蒙古第二机械制造厂和内蒙古金属研究所于1984研制成的VI(真空喷粉)法,用于处理高合金钢。喷吹的粉剂在钢液中经历的路径长,能够被充分利用,对于35CrNi3MoV钢,最终可获得[O]$<19.8\times10^{-4}$ mass%,[S]$<15\times10^{-4}$ mass%的产品。但是该法操作不方便,不适合大批量处理,且喷枪寿命短,容易堵塞。

新日铁大分厂于1985开发了RH-IJ法,如图1.4(b)[2],主要用于钢液的深脱硫,其生产的耐蚀管线钢[S]$<10\times10^{-4}$ mass%。其主要特点与RH-VI法类似,存在类似的缺点,因而也未得到广泛应用。

1987年,新日铁名古屋厂在RH-OB的基础上研制出RH-PB法[2],利用真空室下部的吹氧喷嘴,通过切换阀门进行吹氧或喷粉,强制脱碳、加铝升温、深脱硫和深脱磷。此法适合于大批量的生产,但是存在与 RH-OB 法相同的缺陷,也未大面积的推广。设备简图如图 1.4(c)[2] 所示。

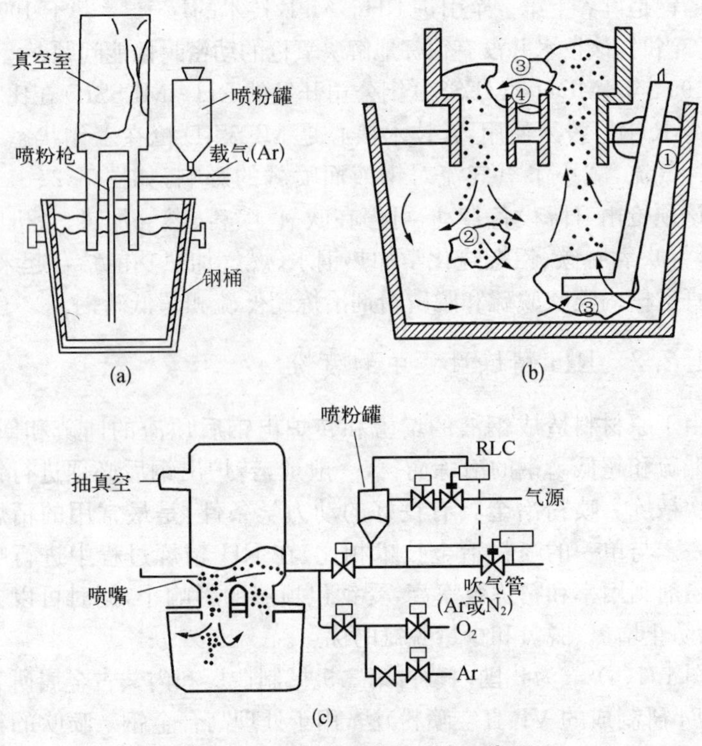

图 1.4 几种 RH 喷粉技术示意图

(a) RH-VI (b) RH-IJ (c) RH-PB

1993 年,日本住友金属工业公司和歌山厂开发了类似 KTB 的 RH-PTB(顶喷粉)技术[11],该法在喷吹粉剂时无堵塞喷枪的问题,无耐材消耗,无钢液阻力,载气消耗量小。生产超低硫钢和超低磷钢时,分别喷吹 $CaO-CaF_2$ 粉剂、CaO-铁矿石粉。此后,武钢在自己的 KTB 设备上成功开发了 WPB 技术[7],采用同一支顶枪进行吹氧和喷粉操作,以 KTB 处理低碳和超低碳钢,以 WPB 处理超低硫钢,根据过程温度需要，还可用铝热法使钢液升温。

RH－MESSID技术几乎集所有功能于一身，将RH的精炼功能发挥到了一个新的高度和水平。各种RH喷吹技术的特点列于表1.1。

表1.1　各种RH喷吹技术的比较

	RH－O	RH－OB	RH－KTB
开发年代及厂家	1969年，蒂森钢铁公司	1972年，新日铁制铁	1988年，川崎制铁
冶金功能	强制脱碳至$[C]<20\times10^{-4}$ mass%，加铝升温，对钢水温度补偿达15℃	强制脱碳至$[C]<20\times10^{-4}$ mass%，加铝升温	强制脱碳至$[C]<20\times10^{-4}$ mass%，缩短脱碳时间3 min，加铝升温，对钢水温度补偿达30℃，可清除结瘤
存在问题	金属喷溅，真空室和氧枪结瘤严重，要求抽气能力增加较大，氧枪密封不合理	金属喷溅、真空室结瘤严重，要求抽气能力大大增加，喷嘴和下部槽寿命短	真空室结瘤较多
适用钢种	不锈钢和耐酸腐蚀钢	不锈钢和超低碳钢	超低碳钢和不锈钢
开发年代及厂家	1992年，新日铁制铁	1994年，MDH－MESSO	1984年，内蒙第二机械制造厂和冶金研究所
冶金功能	强制脱碳至$[C]<20\times10^{-4}$ mass%，加铝升温，燃气加热钢水，结瘤较少	强制脱碳至$[C]<15\times10^{-4}$ mass%，加铝升温，燃气加热钢水，几乎无结瘤，喷粉脱硫至$[S]<10\times10^{-4}$ mass%，脱磷至$[P]<30\times10^{-4}$ mass%，喷粉时载气耗量少	钢包喷粉脱氧至$[O]<19.8\times10^{-4}$ mass%，脱硫至$[S]<15\times10^{-4}$ mass%

续 表

	RH－O	RH－OB	RH－KTB
存在问题	正常	正常	操作不便，喷枪易堵塞且寿命短，不适于大批量生产
特别适用钢种	不锈钢和耐酸腐蚀钢	超深冲钢和超纯净钢	35CrNi3MoV 钢、超低硫高合金钢
开发年代及厂家	1985 年，新日铁	1987 年，新日铁	1993 年，住友金属和歌山厂
冶金功能	钢包喷粉脱硫至[S]$<10\times10^{-4}$mass%	真空室下部喷粉深脱硫至[S]$<10\times10^{-4}$ mass%，深脱磷至[P]$<30\times10^{-4}$mass%	顶喷粉脱硫至[S]$<5\times10^{-4}$ mass%，脱磷至[P]$<30\times10^{-4}$ mass%，脱碳[C]$<5\times10^{-4}$mass%
存在问题	与 RH－VI 法类似	同 RH－OB 法，且喷嘴易堵塞，载气耗量大	同 KTB
适用钢种	超低硫钢	超低硫钢和超低磷钢	超低硫深冲钢和超低磷钢

1.3 RH 精炼技术的冶金功能

1.3.1 脱碳

脱碳机理和速率

假定：(1) 钢包和真空室中的钢液分别处于全混状态；(2) 脱碳反应仅在真空室内进行；(3) 钢液中碳的传质为脱碳过程速率的限制性环节，可有碳的质量衡算式[93]：

$$V\frac{\mathrm{d}C_L}{\mathrm{d}t}=Q_l(C_V-C_L)/\rho \tag{1.1}$$

$$\nu \frac{dC_\nu}{dt} = Q_l(C_L - C_V)/\rho - ak(C_V - C_e) \tag{1.2}$$

由于真空室压力低，可取 $C_e \approx 0$，从而

$$C_L = C_L^0 \exp(-K_C t) \tag{1.3}$$

$$K_C = \frac{Q_l}{V} \frac{ak}{Q_l + \rho ak} \tag{1.4}$$

考虑到上升管中气泡所作的浮力功和流体与管壁间摩擦力所作的耗散功，以及浮力功和耗散功的效率，可得如下环流量估算式

$$Q_l = KQ_g^{1/3} D^{4/3} \left(\ln \frac{P_1}{P_2}\right)^{1/3} \tag{1.5}$$

促进脱碳的工艺措施

根据式(1.3)，主要可从两方面促进脱碳：增大环流量 Q 和体积传质系数 ak。

由式(1.5)，增大环流量的有效措施有扩大插入管内径和增加吹气量、降低真空室的压力。图1.5[12]为浦项光阳钢厂将插入管内径由450 mm增至600 mm后脱碳的效果。由该图可以看到，脱碳的表观速率常数 K_C 提高了30%左右，使钢中碳含量达到≤50×10^{-4}mass%的水平所需的脱碳时间缩短了5 min以上。但插入管径的增大受真空室底面面积的制约，将插入管由圆形改为椭圆形不失为一种解决方法[13]。真空度(特别是脱碳初期)的提高对脱碳效果的影响也很明显，图1.6[14]为两种典型的降压模式，与模式1比较，模式2在相同条件下可以使终点碳由40×10^{-4}mass%降至25×10^{-4}mass%。

但是当碳含量降到20×10^{-4}mass%后存在脱碳滞止现象。此时，通过增大环流量的方式促进脱碳效果并不明显。为获得碳含量<10×10^{-4}mass%的极低碳钢，可以考虑增大体积传质系数 ak，由于增大反应物的传质系数 k 并不容易，更可行的是增大反应界面的面

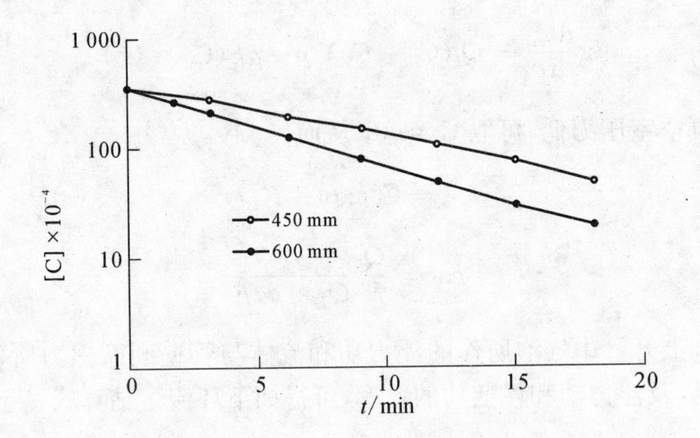

图 1.5　插入管直径对脱碳速率的影响

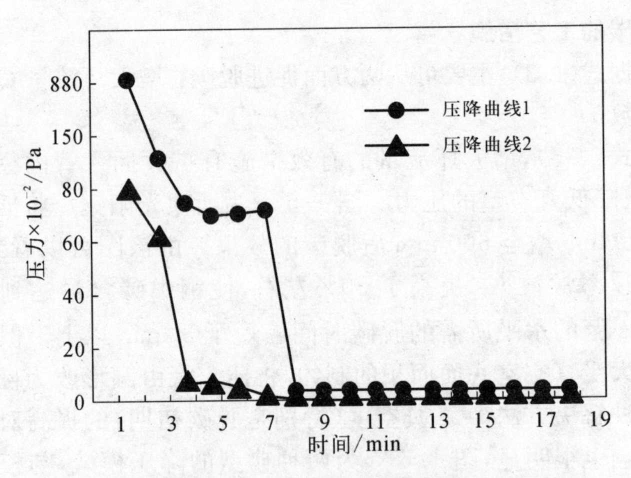

图 1.6　两种典型的降压模式

积 a。真空室为脱碳的主要部位，增大其截面积为最直接的方式。一般 RH 装置在设备许可的条件下都尽量采用大的真空室，一方面增大直径加大反应面积，另一方面增加真空室高度可减少钢液喷溅的影响。图 1.7 显示了浦项光阳厂增大插入管和真空室内径后的脱碳效果[15]。可以看到，脱气处理中后期的 K_C 明显提高。为突破实际生产中观察钢液面、测温和取样对真空室外径的限制，川崎水岛厂采用图 1.8[16] 所示的真空室，其下部为椭圆形截面，一方面增大了真空室的横截面积从而增大反应界面的面积，另一方面允许采用更大直径的插入管。实际生产显示，脱碳能力提高了 1.5 倍，处理时间缩短了 0.7 倍，可以获得[C]＜15×10^{-4}mass％的极低碳钢。

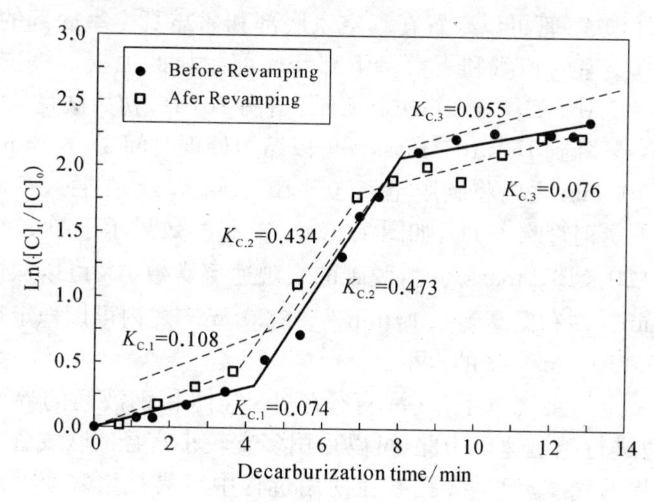

图 1.7 插入管和真空室直径对脱碳速率的影响

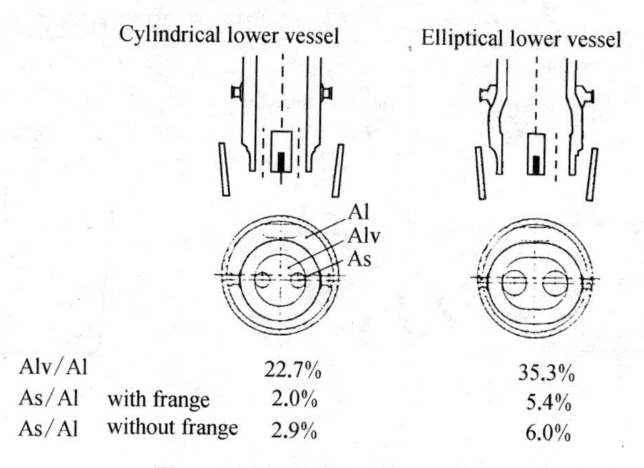

图 1.8 椭圆形插入管示意图

采用气体喷吹方式是增大体积传质系数 ak 的另一种方式。喷吹时期一般选择纯脱气的中后期；喷吹部位主要有钢包熔池、真空室熔池和插入管部位。图 1.9(a)[17] 为钢包喷吹的装置示意图，可以采用喷枪和多孔塞两种方式，喷吹气体为 H_2，实际应用时存在多孔塞易被堵塞和喷枪寿命过短的问题。真空室喷吹一般选用不锈钢管作为喷吹元件，吹气管可以布置在真空室底部和紧靠真空室底部的侧壁。考虑到真空室的喷溅和真空室下部和底部耐材的蚀损，一般布置在侧壁，喷吹 Ar，如图 1.9(b)[18] 所示；由图 10(a)，初始碳量从 200×10^{-4} mass%降到 15×10^{-4} mass%可以缩短处理时间 3—6 min，甚至可以在 10 min 之内将碳脱至 $<10\times10^{-4}$ mass%。在插入管部位一般通过不锈钢管吹入 H_2，如图 1.9(c)[19]，喷吹效果示于图 1.10(b)；当[C]$<20\times10^{-4}$ mass%时，脱碳的表观速率常数 K_C 可以从通常的 0.06 min^{-1} 左右提高到 0.1 min^{-1}，在 20 min 之内可以稳定地将碳脱至 10×10^{-4} mass%的水平。

在一定的吹气量下，气泡直径越小，气体和钢液间的界面积越大，反应进行越迅速。为此，可以采用多支较小直径的吹气管或多孔塞吹入提升气体，但是多孔塞在使用过程中容易被堵塞使处理过程难以顺行，因此很少被采用。

另外，减少真空室结瘤，防止精炼后期增碳；提高真空系统的抽气能

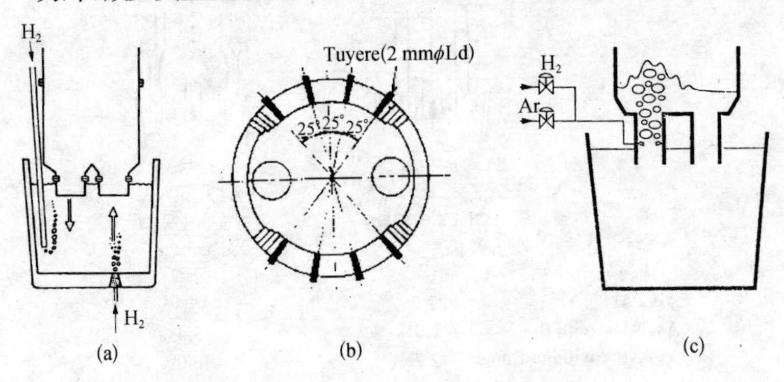

图 1.9　几种气体喷吹装置操作示意图

力，在脱气初期尽快获得较低的真空度，都是获得超低碳钢的必要条件。

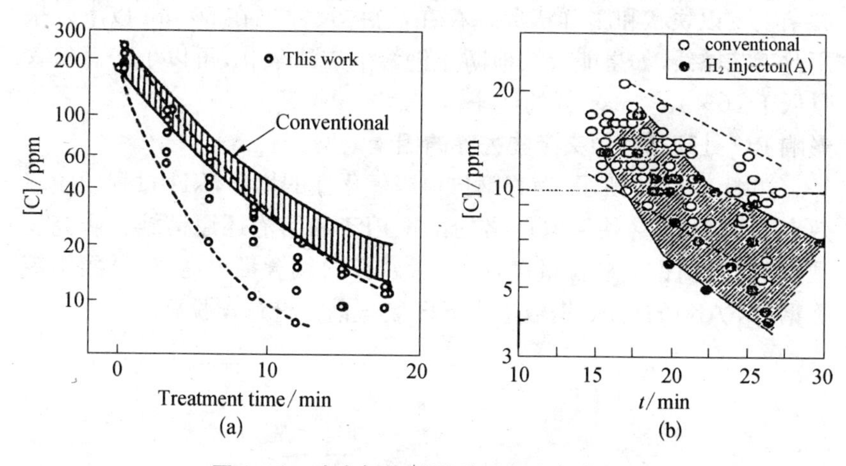

图 1.10 喷吹气体对脱碳反应速率的影响

(a) Ar injection (b) H_2 injection

1.3.2 脱氧和夹杂去除

控制非金属夹杂物首先是控制钢中含氧量，通常使用与氧亲和力很强的元素来脱氧，使溶于钢液的氧降到极低的水平。但是除碳脱氧产物呈气态可直接从钢液排出外，还有相当数量的脱氧产物会呈分离相状态弥散残留于成品钢内，形成非金属氧化物夹杂，破坏了钢的致密性，对钢的质量产生不良影响。

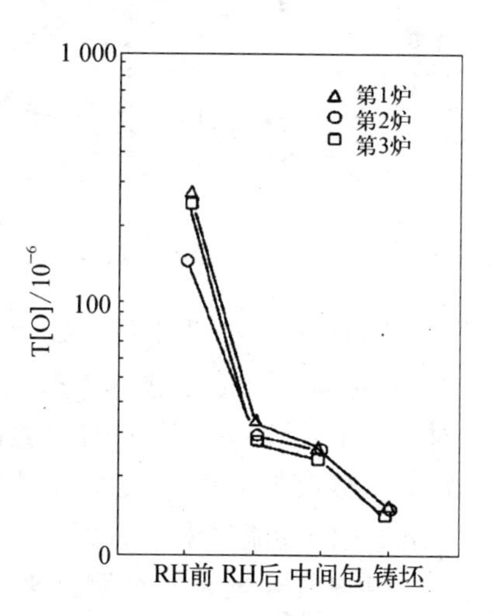

图 1.11 不同工序钢中 T[O] 含量的变化

对普遍采用 LD－RH－CC 生产纯净钢的工艺流程而言，终脱氧在 RH 处理过程中进行，典型的氧含量变化如图 1.11[20] 所示。研究发现，经 RH 处理，钢中的大尺寸夹杂大部分可从钢中被除去，钢中存在的夹杂主要以块状和簇群状形式存在，总体尺寸也在 50 μm 以下。采用此工艺路线，如果能有效地防止钢液的二次氧化，可以生产总氧含量低于 20×10^{-4} mass%的纯净钢。

影响 RH 处理过程中夹杂物去除的因素

如图 1.12[21] 所示，随着钢包顶渣氧化性的增强，RH 过程的脱氧效率降低，为此必须采取严格的出钢挡渣和熔渣还原措施。研究发现[22]，处理前钢液氧含量高，处理后残存的氧含量也高，对低碳铝镇静钢(LCAK)的冶炼，钢液进入 RH 装置前需进行预脱氧。

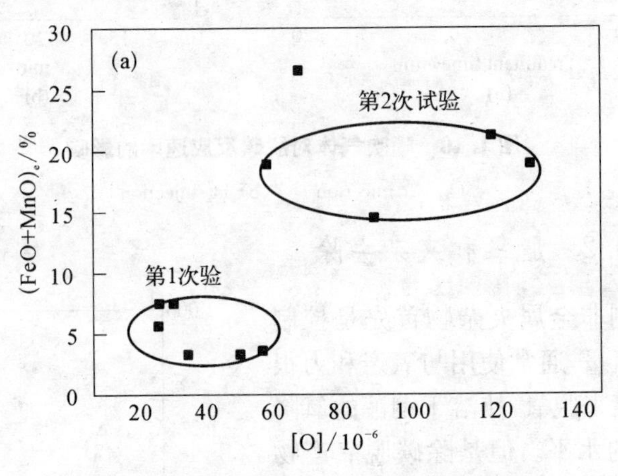

图 1.12 (%FeO+%MnO)与总氧含量的关系

随着 RH 处理过程环流量的增大，小颗粒 Al_2O_3 夹杂碰撞几率增加，更易聚合成大颗粒夹杂而上浮排至顶渣，如图 1.13[23] 所示；同时伴随有细微夹杂增大的趋势；另外，耐材所受的冲刷也更加严重，钢液内残存的大颗粒夹杂数量增加。因此，从夹杂物去除的观点来看，过大的环流量未必适宜。

纯脱气处理时间对钢中夹杂物的去除效率有非常大的影响，如图1.14[22,23] 所示，随着纯脱气时间的增加，钢中大颗粒夹渣和细微夹杂很快降低，但是超过 5 min 后，再延长处理时间对夹杂的去除似乎没有多大作用。

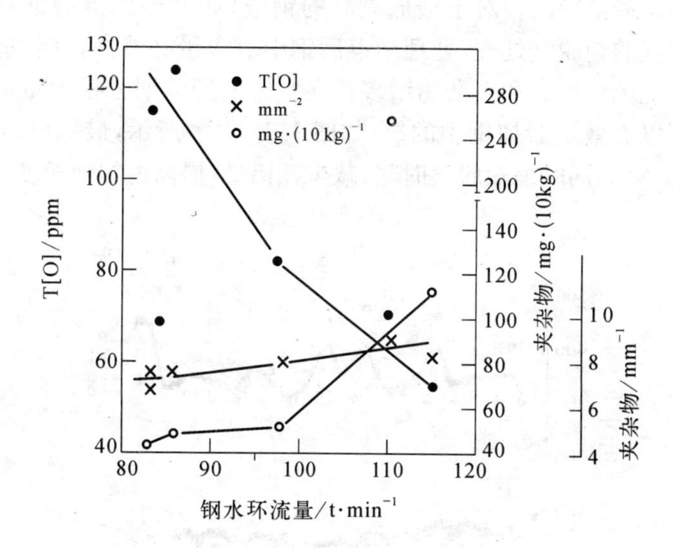

图 1.13　钢水环流量和夹杂物间的关系

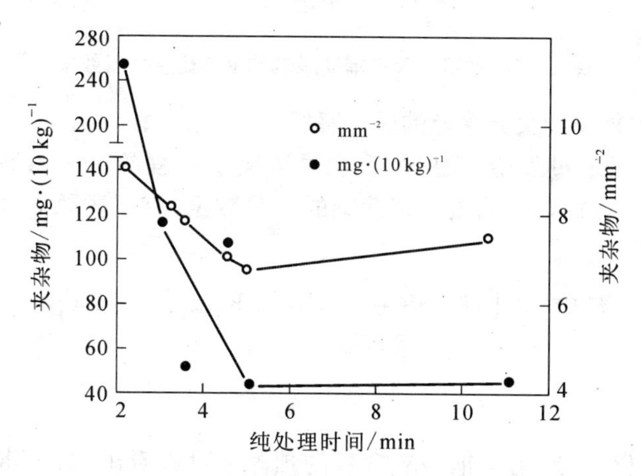

图 1.14　处理时间对夹杂物含量的影响

碳氧反应产物为 CO 或 CO_2，可完全排出钢液，因此在所有脱氧剂中碳是最洁净的。对于碳低氧高的钢液(如低碳铝镇静钢)而言，采用常规的纯脱气处理，处理结束后钢中氧含量必然高，这就造成终脱氧的耗铝量增大和夹杂物增多。在脱气处理前期分批少量加入沥青焦可以有效地脱掉钢中的氧，如图 1.15[24, 25]所示，最低可达 27×10^{-4} mass%，同时缩短脱气时间，减少耗铝量，提高钢的纯净度。

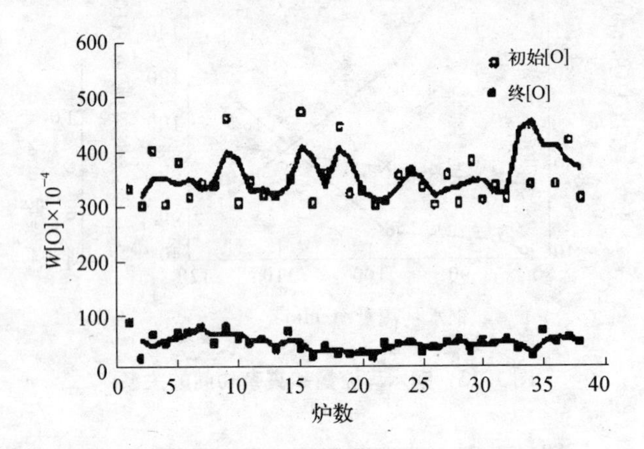

图 1.15　采用沥青焦辅助脱氧的 RH 真空处理效果

钢中氧化物夹杂含量的理论解析

RH 处理过程中，钢中的氧含量取决于过程的工艺参数。针对 300 t RH 装置处理低碳铝镇静钢的实验数据，有下述总氧含量的预测公式[26]：

$$T[\mathrm{O}] = [13.688 + 0.936(\%\,\mathrm{FeO} + \%\,\mathrm{MnO})] \left(1 - e^{(-0.0514D^{0.21}Q_g^{0.4158}/W^{0.42})t}\right) + [\mathrm{O}]_0 e^{(-0.00514D^{0.21}Q_g^{0.4158}/W^{0.42})t} \tag{1.6}$$

该式可以很好地用于钢中氧含量的预测。可以看出，减少钢液中初始氧含量和钢包顶渣氧含量，延长处理时间，增大环流量都有利于钢中氧含量的降低。

对铝终脱氧钢而言，钢中夹杂物以 Al_2O_3 为主，RH 处理过程中，钢液内氧化物夹杂量 W 和氧含量[O]间存在如下关系[27]：

$$T[O] = 4\,265.3W - 0.87 \tag{1.7}$$

通过钢中全氧含量可以预测 RH 处理过程中氧化物夹杂含量。

1.3.3 RH 精炼过程中的脱硫

对大多数钢种而言，硫都是有害杂质，过量的硫会使钢的加工性能和使用性能变坏。一般而言，经铁水预处理脱硫可以将硫降到 10×10^{-4} mass%以下，最低至 1×10^{-4} mass%，可以满足冶炼一般钢种的需求。但是很多钢种，诸如海洋用钢、高性能电工钢、管线钢、低温压力容器钢和桥梁钢等要求硫含量低于 10×10^{-4} mass%甚至更低。铁水在转炉冶炼过程中，由于原材料中含硫和转炉的氧化性气氛不利于脱硫，往往会发生增硫现象。因此出钢后的炉外脱硫势在必行。

RH 处理脱硫的优点

从工艺上讲，钢液脱硫主要有：钢液渣洗、钢包喷粉、喂丝、RH 处理脱硫等。而脱硫反应包括用金属 Ca、Mg 或稀土元素直接生成硫化物脱硫和渣金置换反应两种。RH 处理脱硫涉及的反应主要是渣金置换反应。与其他脱硫工艺相比较，RH 处理脱硫具有以下优点：

1. 钢液中氧活度可降至更低的水平，更有利于脱硫；
2. 顶渣对脱硫的影响较小；
3. 与大气隔绝而不会因钢液表面裸露而吸氮；
4. 脱硫的同时可有效地脱气(去氢)；
5. 有更好的动力学条件；
6. 脱硫剂与钢液接触时间长，反应更充分，脱硫剂消耗少。与钢包喷粉脱硫相比，达到同样的脱硫效率，真空顶喷粉脱硫的脱硫剂耗量可以减少 2 kg/t 钢[28]。

理论基础：

根据熔渣的离子理论，RH 脱硫的反应可表示为：

$$[S]+(O^{2-})=(S^{2-})+[O] \tag{1.8}$$

相应地，硫的分配比为

$$L_S=\frac{(S)}{[S]}=K_S\frac{a_{O^{2-}}}{a_O}\frac{f_S}{\gamma_{S^{2-}}} \tag{1.9}$$

由上式可以看到，要实现高的脱硫率，应增大渣量和硫的分配比 L_s。考虑到经济因素，增加 L_s 是唯一有潜力的措施。对 RH 处理脱硫而言，降低钢液的氧活度和选择合理的渣系是比较可行的方案。

从反应动力学角度看，一般认为脱硫的限制性环节为硫在钢中的传质(硫含量较低时)和硫在渣中的转移，(钢中硫含量较高时)，同时考虑钢液侧和熔渣侧传质阻力，由双膜理论，脱硫(钢液中)的速率表达式为：

$$\begin{aligned}-\mathrm{d}[S]/\mathrm{d}t&=\mathrm{d}(S)/\mathrm{d}t\\&=K_{St}A_P([S]-(S)/L_{Sm})/V_m\end{aligned} \tag{1.10}$$

$$K_{St}=k_{Sm}k_{Ss}L_{Sm}/(k_{Sm}+k_{Ss}L_{Sm}) \tag{1.11}$$

改善对钢液的搅拌等动力学条件有利于提高总的传质系数 K_{St}、增大有效反应面积 A_P 从而增大脱硫速率。

从喷吹的角度看，在 RH 条件下，无论采用何种喷吹工艺，石灰基粉剂颗粒穿过气膜进入钢液后，与钢液接触，形成巨大的反应界面。部分粉粒因动能较小，难以冲破气膜的包围，虽也悬浮于钢液内部，但是由于气膜的阻隔难与钢液接触而有效脱硫。在跟随钢液的循环流动中，粉剂颗粒会因碰撞而发生凝聚、合并，部分粉粒将陆续上浮，为钢包顶渣所吸收。相应地，钢包顶渣相对钢液处于滞止状态。在这种条件下，悬浮于钢液中的粉剂颗粒表面反应速率较大，将成为重要的脱硫反应部位；钢包顶渣对脱硫的贡献相对较小，可以忽略[29, 30]。

RH 喷粉精炼过程中钢液侧传质特性的水模拟研究

通过冷态模拟，Wei 等[31]研究了 RH－PTB 精炼过程中，钢液和喷吹颗粒间的传质特性，得出如下无因次关系式：

$$\mathrm{Sh} = 2 + 0.073\mathrm{Re}_S^{0.777}\mathrm{Sc}^{1/3} \tag{1.12a}$$

$$\mathrm{Sh} = 2 + 0.073(\varepsilon_{1S}\mathrm{d}_P^4/\nu_l^3)^{0.259}\mathrm{Sc}^{1/3} \tag{1.12b}$$

$$\mathrm{Sh} = 2 + 0.026\left[\mathrm{Re}_s^{0.48}\mathrm{Sc}^{0.339}\left(\frac{g^{\frac{1}{3}}\mathrm{d}_P}{D_P^{\frac{2}{3}}}\right)^{0.072}\right]^{1.455} \tag{1.12c}$$

可以用于表征 RH－PTB 条件下熔池的传质特性。在给定的实验条件下，钢液中的传质系数与提升气体流量、上升管内径、液体环流量和粉剂粒径呈递增关系。

RH 精炼过程中喷粉脱硫的数学模拟

Wei 等[29, 30]基于脱硫过程及其机理的分析，首次建立了 RH 喷粉脱硫过程的数学模型，其基本要点如下：

基本假设 1. 体系内钢液处于充分混合状态，喷入的粉剂颗粒呈液态均匀弥散悬浮于钢液内部；2. 忽略钢包顶渣的脱硫作用，脱硫反应仅发生在钢液与粉剂颗粒界面，钢中去除的硫全部为粉剂颗粒吸收；3. 在进行脱硫前钢液已予充分脱氧，具有足够低的氧位；4. 同时考虑钢液侧和粉剂颗粒侧传质阻力；5. 不考虑处理过程中粉剂颗粒的聚集和合并，以及钢液的温度降，并把钢液及熔渣的密度和黏度视作常数。

基本方程 对单个粉剂颗粒，根据其脱硫的速率方程和相应的硫的质量衡算方程，在相应的边界条件下，可以导出喷入钢液的全部粉剂的总脱硫过程相应的速率方程为：

$$-\frac{\mathrm{d}[\mathrm{S}]}{\mathrm{d}t} = k_t\left([\mathrm{S}] - \frac{(\mathrm{S})_0}{L_{sm}}\right) \tag{1.13}$$

其中，
$$k_t = \sum_j L_{sm}\frac{\beta_j\rho_l w_{P,j}Q_l}{\rho_P W_m^2}\left[1 - \exp\left(-\frac{6k_{st}}{L_{sm}\mathrm{d}_{P,j}Q_l}\right)\right] \tag{1.14}$$

根据具体工艺条件确定合适的模型参数并对模型进行了求解，由该模型所作的估计与一些工业试验和生产数据相当吻合。强化喷粉操作、增大钢液环流量可有效提高 RH 喷粉脱硫过程速率。

影响 RH 处理脱硫的因素及工艺对策

氧势 有效的脱硫过程，要求熔体中氧势尽可能低。钢包中钢液的氧势与顶渣的含氧量密切相关，工艺上必须降低渣中 FeO、MnO 的含量从根本上消除氧源。为此出钢时必须严格挡渣，减少下渣量并对钢包顶渣进行改性处理。如下渣量太大就要换包或扒渣。对钢包顶渣进行改性处理的主要目的是提高顶渣的硫容量，降低渣中 FeO 和 MnO 的含量。图 1.16[32]所示为熔渣的氧势对硫分配比的影响。目前所用的改性剂主要有 Al＋CaO、Al＋CaO＋CaF_2、Al＋$CaCO_3$ 和 Al＋CaO・Al_2O_3，改性后，渣系由 CaO—SiO_2—FeO 转变为 CaO—CaF_2—Al_2O_3 或 CaO—Al_2O_3—SiO_2。图 1.17[33]为 CaO—Al_2O_3—SiO_2 系相图。由该图可见，Ⅱ区既有较低的熔点又有较高的硫容量，且 SiO_2 活度较低，不会被铝还原而回硅，为理想的终渣组成。使用 CaC_2 代替 Al 也取得了较好的改性效果[33]。另外，脱硫处理过程中必须同时加入 Al 以进一步降低脱硫过程中体系的氧势。

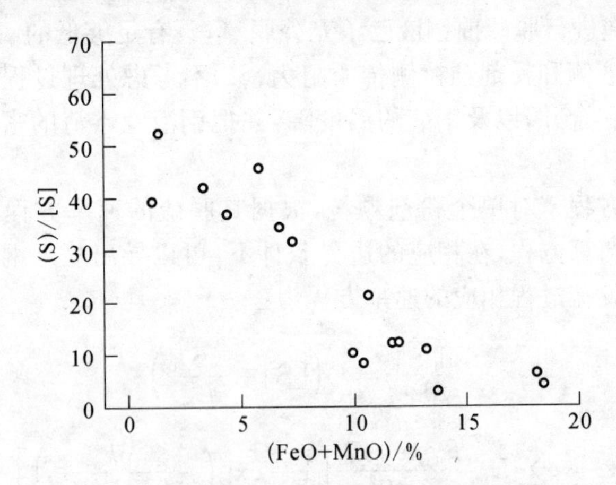

图 1.16 渣中%(FeO＋MnO)对脱硫率的影响

脱硫粉剂 常用的钢液脱硫粉剂主要有 CaO—CaF_2、CaO—CaF_2—Al_2O_3 和 CaO—Al_2O_3—SiO_2 等。其中 CaO—CaF_2 渣系具有最强的脱硫能力，在相同的脱硫任务下脱硫剂耗量最低，单从脱硫的

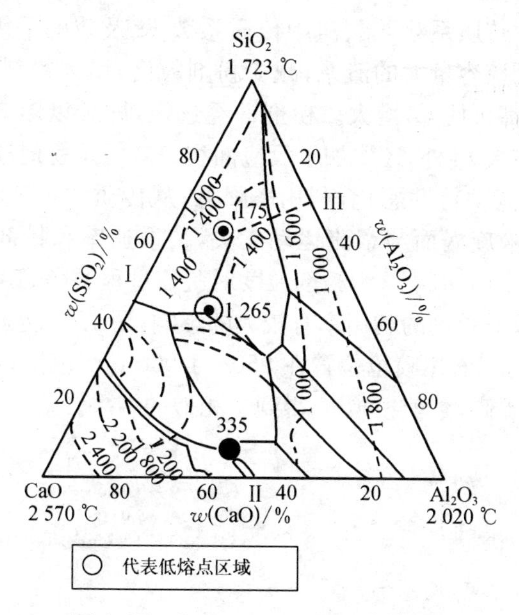

图 1.17　$CaO—Al_2O_3—SiO_2$ 系相图

角度考虑，CaF_2 含量在 40 mass%左右具有最大的硫容量，但此时耐材也会受到极大的侵蚀。较低的 CaF_2 不仅脱硫能力不够，而且由于化渣不好，RH 处理结束后会有大量残渣从真空室滴下，严重时甚至堵塞插入管[34]。研究表明，含 30 mass%左右 CaF_2 的脱硫剂既能兼顾耐材寿命又能保证脱硫效率，其脱硫效率可达 80%[32]。实际生产中也加入 5～10 mass%的 MgO 以改善该脱硫剂对耐材的侵蚀。$CaO—CaF_2—Al_2O_3$ 渣系硫容量比 $CaO—CaF_2$ 低，据报道[35]，该渣系的组成在 CaO ≥50 mass%、CaF_2 >20 mass%、Al_2O_3 <25 mass%范围，特别是 CaO 30～60 mass%、CaF_2 45～55 mass%、Al_2O_3 <10 mass%范围为脱硫最佳组成范围，该渣系虽然脱硫效率较高但受钢渣成分影响较大，脱硫率不稳定。$CaO—Al_2O_3—SiO_2$ 渣系更多地用于顶渣处理。

传质系数和反应面积　根据上述脱硫速率表达式(1.10)～(1.14)，脱硫速率与反应面积 A_P（即粉剂粒度）、硫的总传质系数 k_{St}

(与硫在钢中传质系数 k_{Sm}、渣中传质系数 k_{Ss} 及硫的平衡分配比 L_{Sm} 有关)。采用硫容量大的渣系,减少粉剂粒度,增大粉剂喷吹量 w 和钢液环流量都可使 k_{St} 增大。粉剂一经选定,即难以影响 k_{St};粉剂粒度越小,除增大 k_{St} 外,还增加了反应面积 A_P,但是粉剂过细将导致粉剂的喷吹和流动特性恶化,利用率降低;从传质的角度看,过细的粉剂易进入钢液旋涡而与紊流运动无关,传质速率和粉剂的利用率降低[29, 30, 36]。图 1.18 [32] 为粉剂粒度对脱硫过程的影响。对顶喷粉而言,喷枪位置对粉剂的利用率有较大的影响,图 1.19 为武钢的实际操作结果[34],可以看出喷枪位置在 950～1 000 mm 范围内变化有利于脱硫效率的提高,数值模拟[36]得到了相似的结果。

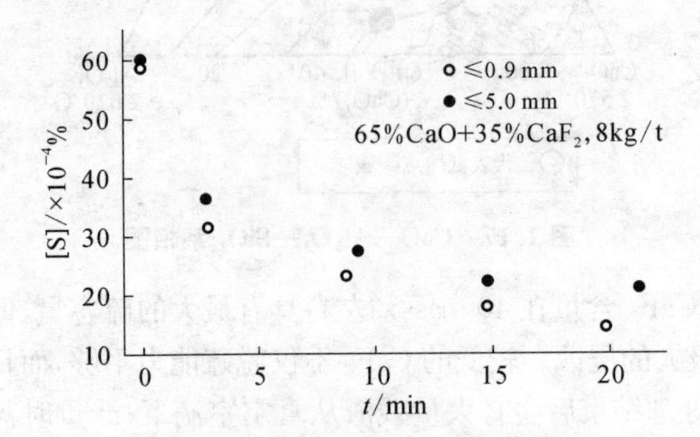

图 1.18　粉剂粒度与硫含量的关系

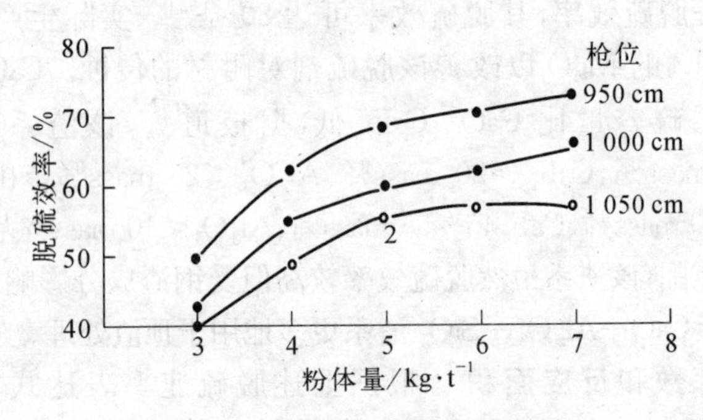

图 1.19　喷枪枪位与脱硫效率的关系

RH 脱硫处理过程脱硫剂的加入方式　RH 脱硫处理中，常用的脱硫剂加入方式有 RH－PTB、RH－PB 和 RH－IJ 等。表 1.2 为各种方式的比较，综合来看，顶喷粉法为最佳的加入方式。

表 1.2　各种脱硫方式的比较

脱硫方法	脱硫效果/%	综合优势	劣　势
RH－PTB	50～80	不增加氧枪成本；对耐材影响小；可以升温；负压输粉，枪不易堵	需增加部分设备；反应持续时间比 RH－IJ、RH－PB 法短；粉剂利用率低
RH－PB	70～90	脱硫效率高	需增加成套喷吹设备，车间需改造；易喷溅；喷嘴处侵蚀严重
RH－IJ	70～90	粉剂参与钢液多次循环；脱硫效率高	需增加成套喷吹设备，车间需改造；粉剂易堵枪、喷枪费用高

1.4　RH 精炼过程计算机控制的工艺模型及其应用概况

RH 精炼过程的计算机控制系统由两级构成：基础自动化系统和过程控制系统。基础自动化系统完成的主要工作包括：抽真空、钢包提升或真空室下降、真空供气、冷却水控制、氧气和煤气控制和合金添加等。过程控制系统的核心是工艺数学模型，其开发基本采用理论-统计方法。表 1.3 为国外部分控制数学模型的特点和应用概况。

表 1.3 RH 精炼过程控制的工艺模型概况

开发(使用)单位	模型内容和功能	备　注
Dravo Automation Sciences(美国)[37]	过程预测计算模型,合金调整模型,动态过程控制模型,可计算钢液温度、成分([C]、[H]、[O]和[N]等)	1985 年与 Davy Dravo 公司合作开发
日本住友金属公司[38]	环流量计算模型和脱碳模型	[C]$\leqslant 30\times10^{-4}$ mass%时,控制精度$\pm5\times10^{-4}$ mass% $100\leqslant$[C]$\leqslant 300\times10^{-4}$ mass%时,$\pm 24\times10^{-4}$ mass%
美国国家钢铁公司[39]	合金模型,氧调整模型,脱碳模型,脱氧模型,脱气模型,温度调整模型	
韩国浦项钢铁公司[40]	成分控制模型：合金模块、酸溶铝预测模块、排气模块 脱氧控制模型 温度控制模型：温度预测模块、冷却剂模块	成分命中率>90%,温度命中率>85%
德国 BFI 研究院[41]	碳氧动态预测模型	应用于 LTV 钢公司
德国 BFI 研究院[42]	脱气模型	[O]控制精度 22.8×10^{-4} mass%时,平均偏差 6×10^{-4} mass% [N]控制精度 7.6×10^{-4} mass%时,平均偏差 0.18×10^{-4} mass% [H]控制精度 0.19×10^{-4} mass%时,平均偏差 0.04×10^{-4} mass%

宝钢基于自己的生产实际开发了脱碳过程的控制模型[43]和设备检测模型[44, 45]，其中脱碳模型在超低碳范围内命中目标碳含量的精度达到$\pm 7\times 10^{-4}$ mass%。武钢也在自主开发 RH 精炼过程的控制模型，包括脱碳和氧浓度预报模型[46]、合金化模型[47]和温度预报模型[48]，预测的目标温度与实测值的平均偏差达到了 6.51℃。

本章符号说明

a	碳氧反应界面面积/m^2
a_O	钢中氧的活度
a_O^{2-}	渣中氧离子的活度
A_P	单个粉剂颗粒的表面积/m^2
C_e	反应界面钢液侧碳的(平衡)浓度/mass%
C_L	钢包中钢液内碳的质量百分浓度/mass%
C_v	真空室中钢液的碳质量百分浓度/mass%
d_P，$d_{p,j}$	粉粒和第 j 级粉粒的平均当量直径/m
D	插入管内径/m
D_p	扩散系数/(m^2/s)
f_S	钢中 S 的活度系数
(%FeO)、(%MnO)	钢包顶渣内 FeO、MnO 的质量百分含量/mass%
g	重力加速度/(m/s^2)
k	脱碳的扩散传质系数/(m/s)
K_C	碳的表观速率常数/s^{-1}
K_S	渣金间 S 的平衡常数
k_{Sm}、k_{Ss}、K_{St}	S 在钢液侧、渣侧和总的传质系数/(m/s)
k_t	喷粉脱硫的总表观速率常数/s^{-1}
L_S、L_{Sm}	S 在渣钢间的平衡和摩尔平衡分配系数
[O]	钢液的氧含量/mass%
P_1、P_2	气体吹入点和真空室的压力/Pa

Q_g、Q_l	提升气体体积流量/(m^3/s)和钢液的环流量/(kg/s)
Re_s	颗粒液体界面处液体的局部 Reynolds 数
(S)、[S]	S在渣中和钢液中的质量百分含量/mass%
Sh	Sherwood 数
Sc	Schmidt 数
t	处理时间/s
v	真空室中钢液体积/m^3
V	钢包中钢液体积/m^3
V_m	被处理的钢液体积/m^3
$w_{P,j}$	第 j 级粒度粉剂总量/kg
W	钢包中的钢液量/kg
W_m	被处理的钢液质量/kg
β_j	喷入粉剂的有效利用率
$\gamma_{S^{2-}}$	渣中硫离子的活度
ρ	钢液密度/(kg/m^3)

第二章　RH精炼过程的物理和数学模拟及有关的研究

迄今为止，物理模拟工作主要集中于RH装置内液体的流动和混合特性的研究[49-66]，特别地，Wei等[31]和金永刚等[67]还分别对RH精炼脱硫过程钢液侧的传质特性和真空脱气动力学过程进行了模拟研究。在数学模拟方面，除Wei等[29, 30]成功地对喷粉脱硫过程进行了模拟外，几乎所有的工作都集中于RH精炼过程中钢液流动和脱碳过程的模拟[68-76]。RH装置内上升管中的气-液两相区作为整个装置的动量源，对钢液的流动、混合和精炼过程有着重要的影响，必须深入研究，然而与这方面直接相关的工作几乎未见报道，有关参数和特性只能借助相关的气-液两相流工作来确定[77, 78]。至于RH精炼过程中脱碳机理的研究，已有大量的工作可供参考[79-83]。

2.1　RH精炼过程的物理模拟

对冶金过程的物理模拟，典型例子有：用空气-水系统来模拟氩气搅拌钢包内的流动[82]；用有机玻璃盛水以模拟连铸过程的钢包-中间包系统[83]；用低熔点合金模拟电磁驱动的钢液流动[84]等。在这些例子里，根据相似原理建立物理模型，用有机玻璃代替耐火材料，用水代替钢液。可以对气泡的行为、循环流动和熔池的混合等进行观测，能够进行直接测量，从而获得现场无法获得的信息。此外，中间包、连铸结晶器等反应器内的流动、混合、夹杂物行为的研究大都是借助了物理模拟。在这些重要冶金反应器的研究中，正因为借助了物理模拟，不仅使实测更易进行，而且由于模型装置被缩小，实验的费用可大大降低。另一方面，物理模拟也有其局限性，一些冶金现象很难通过物理模拟予以再现，例如，很难利用物理模拟来精确模拟RH过程中由于温度的升高而引起的气泡的膨胀，以及液体自由表面处发生的气泡爆裂等。

概括起来，物理模拟具有以下作用：

(1) 定量测定的结果可以按一定比例直接用于描述真实体系；

(2) 测定的结果可以用于验证数学模型的合理性和可靠性，使数学模型得以不断完善，以用于描述真实体系的行为；

(3) 可以进行一些特定的实验以了解体系的行为特征，建立相应的经验关系式，为数学模拟奠定必要基础。

2.1.1 RH精炼装置物理模型的建立及参数的测定

物理模型的建立

自从相似理论问世以来，人们借助于相似原理，把过去难以在实验室进行的高温实验研究在常温下得以实现。相似理论是物理模拟的理论基础[85]。根据相似理论，物理模型若能与实际反应器(原型)内的过程保持相似，则由模型得到的规律可以推广应用到原型。对于复杂的冶金过程来说，模拟不可能保证完全相似。就流体流动而言，一般主要考虑其几何相似、动力相似和运动相似。

对于RH精炼装置，气-液两相流以外的液体的运动为气体所驱动。这意味着气-液两相流以外的液体的运动系由于气体的搅拌所致，与由Reynolds数表征的湍流黏性力无关，而气流的运动主要受制于浮力、惯性力和重力。因此，在保持模型和原型几何相似的前提下，保证模型和原型的修正Froude数相等，就能基本上保证它们的运动相似。一般情况下，主要考虑下降液流的Fr数相等，而忽略上升管中气液两相流的情况。但是在RH精炼过程中，上升管内的气液两相流动对整个RH装置内的流动起着关键的作用。Seshadri等[49]根据Buckingham π 定理，考虑了实际喷吹气流膨胀的影响，针对上升管得出了如下无因次关系：

$$U_1^2/gD = k_1(D\rho_l U_1/\mu)^a(Q_g/D^2U_1)^b \tag{2.1}$$

即

$$\mathrm{Fr} = k(\mathrm{Re})^a(\mathrm{Va})^b \tag{2.2}$$

式中 $\mathrm{Fr}=U_l^2/(gD)$，$\mathrm{Re}=D\rho_l U_l/\mu$，此即对应的 Fr 数和 Re 数，$\mathrm{V}a=Q_g/(D^2 U_l)$，表示气流速率对液流速率的比率。由 Fr 及 V$a$ 相等，确定了模型的吹气量。此外，由上升管喷嘴处液流的修正 Froude 数相等，确定了喷嘴的内径。这样建立的 RH 过程模型当与实际过程更为相似，给出的模型参数更为合理。

另一个关键的因素是模拟介质的选取。与高温钢液比较，水的运动黏度和钢液的很接近，特殊情况下还可以加入甘油等物质调整水的黏度。而且水是一种廉价易操作的流体，可以方便地加入特定的电解质和着色剂或示踪粒子分别进行混合特性的研究和流场显示。因此，在冶金研究中，除考虑电磁场作用效应外，一般地选用水作为介质来模拟钢液的特性。

参数的测定

A 环流量的测定方法

(a) 直接测量法

早在 1978 年，田中英雄等[50]就对 RH 装置的环流量进行了研究，改变环流管径和插入深度，吹入不同流量的空气，测定气泡泵所抽取的液体量，该值即为一定条件下的环流量。其测定方法没有考虑真空度和下降管径的影响，所得结果只具有定性参考价值。

小野清雄等[51]使用与实际装置比例为 1/6 的模型测定了环流量。其方法是从上升管入口加入 ABS 树脂作为示踪粒子，用高速摄影机拍摄通过下降管的示踪粒子轨迹，从而估算出通过下降管的液体流速。该方法定量研究了吹气量、插入管径和插入深度的影响，但是测量精度取决于示踪粒子的跟随性，同时由于流速在下降管截面上分布并不均匀，这也降低了测量精度，因此该方法还存在很大的改善余地。

基于气泡泵的基本原理，彭一川等[52]提出了一种环流量测量方法。但是他们测量是在常压下进行的，因而有关结论也仅具有定性参考价值。

Hanna等[53]采用毕托管测定通过下降管直径的六点平均值，进而计算环流量。然而毕托管主要用于气体流速的测量，对于密度和黏度大得多的液体而言，这种测量方法存在明显的缺陷。

为克服作为流速测量仪的毕托管的固有缺陷，Kamata等[54]采用多普勒激光测速仪(LDV)测定下降管的液体流速，而且其测量结果取同一截面上两相互垂直方向上多点的平均值。除不受流体密度的影响外，LDV为非接触式测量系统，不干扰和不破坏流场，测量结果精度高，重现性好。但是该测量系统价格昂贵。

(b) 间接测量法

Seshadri和Costa[49]在相似分析的基础上，确定了与100 tRH装置相应的几何相似比为1∶5.3模型的吹气孔直径，应用示踪剂浓度法进行了环流量研究。由于加入的示踪剂量(一般为KCl或NaCl，其电导率和浓度呈线性关系)一定且在运行过程中不会变化；同时对于特定的示踪剂脉冲而言，其浓度-时间曲线呈周期性，曲线第一个周期所包含的面积Sp'代表示踪剂总量，因此完全混合后相应于一次循环的时间τ可以表达为，

$$\tau = \frac{S_p{}'}{\Delta C} \tag{2.3}$$

相应地环流量为

$$Q_l = W/\tau \tag{2.4}$$

这种方法测得的环流量从原理上看比较完善，但是必须保证面积计算准确可靠。

除此之外，一般情况下，实际RH过程采用Cu元素作为示踪元素进行混合时间的测量，在确定混合时间和环流量间的经验关系式的基础上，可以求得特定工况下的环流量[55]。如果能够保证安全性，采用放射性元素作为示踪剂也可以确定实际RH的环流量[56]。

B 混合时间的测定

一般地，混合时间的测定是通过刺激-响应实验来确定的。实验时，在某一瞬间向溶液中特定部位加入示踪剂脉冲，在确定的位置测定示踪剂浓度的变化。冷态试验中，示踪剂可以选用KCl、NaCl或H_2SO_4、HCl溶液，相应地，可以用电导率仪或PH计来测定溶液的电导率和PH值的变化，直至不超过稳定值的某个分数(一般取±5%)，所需的时间即为混合时间。热态实验以不参与化学反应的元素Cu作为示踪剂分析其浓度的变化来确定混合时间。

C 熔体流场的研究方法

测定熔池混合时间可得到熔池内流动和混合的宏观结果，但不能完全说明熔池内流体流动的实际情况，例如熔池内有无死区、死区在什么部位，等等。因此还需进一步研究熔池流场。

研究熔池流场的水模型实验方法有：

1）用测速仪对流场的速度分布进行定量测定

常用的测速仪有热线测速仪、三孔或五孔速度探针和多普勒激光测速仪。与前二者比较，激光测速仪测量时不扰动流场，测量结果更为精确。

2）流场的示踪显示

除了用测速仪对流场进行测定外，还可用流场显示技术直接观察流场和拍摄流谱图，最常用的流场显示方法是示踪法。虽然较粗糙，但其反映出的流场却是直接的图像，可以直接看出液体的流动轨迹，是否有“短路”现象发生等优点。示踪粒子的选取在该实验中有着至关重要的作用。其一，加入的示踪粒子跟随性一定要好，为此粒子的粒度必须细小；其二，示踪粒子的密度应该和流体的密度尽量接近；其三，粒子要有强的反光性能，以便于拍摄和观察。冷态实验中常用的示踪粒子聚苯乙烯粒子、铝粉或中空Al_2O_3颗粒。

2.1.2 RH精炼过程的有关特性参数及影响因素

环流量 钢液的环流量是RH精炼过程中最重要的操作和工艺参数，它决定着整个体系内钢液的流动状态、混合特性和平均停留时间等,从而决定着整个体系的传质特点、精炼反应的速率和最终的精炼效果。对环流量的研究始终是RH精炼过程研究中最基础的工作之一,很多研究者对此作过研究和测定[13, 49-61]。表2.1给出了文献中一些主要的关于环流量的计算公式。这些计算公式大致可分为两类:一类是基于能量衡算进行理论推导,然后结合工厂实测数据,给出的经验关系式;另一类是根据水模拟实验数据或工厂实测数据,给出的经验关系式。应该说,这些环流量计算式是与各自的RH装置相适应的。问题在于:在实际RH精炼过程中,当改变某些条件时,环流量会趋于饱和,而且在用相同的过程参数处理不同钢种或同一钢种的不同处理阶段时,环流量也会有相当大的变化。

表2.1 环流量的计算公式/(t/min)

关联公式	测定方法	研究者
$Q_l = kD_u^{1.5}Q_g^{0.33}$	340 t RH1/10水模测定	渡边秀夫[57]
$Q_l = 0.652D_u^{1.4}Q_g^{0.31}$	水模测定	斋藤忠[58]
$Q_l = 0.04D_u^{1.8}Q_g^{0.1}$	千叶厂280 t RH测定	三轮守[59]
$Q_l = 0.0038D_u^{0.3}D_d^{1.1}Q_g^{0.31}H^{0.5}$	70 t RH水模测定	小野清雄[51]
$Q_l = 11.4Q_g^{1/3}D_u^{4/3}\{\ln(P_1/P_2)\}^{2/3}$	工厂实测数据整理	Kuwabara[13]
$Q_l = k(HQ_g^{5/6}D_u^2)^{1/2}$	水模测定	田中英雄[50]
$Q_l = 5.89Q_g^{0.33}$	80 t RH	Seshadriv[49]
$Q_l = fW^{0.192}D^{2.33}\{Q_g\ln[1+(H_S+h_V)/1.5\times10^{-5}p_2]\}^{0.25}$	工厂实测数据	区铁[60]
$Q_l = U_UA_U\rho_l = \rho_l\mu_U\{2[(P_V-P_{(z=0)})/\rho_l+g(H+h)]\}^{1/2}$	数学模拟	Ahrenhold[61]
$Q_l = 0.0333Q_g^{0.26}D_u^{0.69}D_d^{0.80}$	水模测定	WEI JiHe[62]

环流管内径 环流管内径(包括上升管和下降管)是影响环流量的一个重要因素。环流管内径增大,使环流截面积增大,从而减小钢

液循环流动的阻力，提高了驱动气体的抽引效率。环流管内径增大，环流量随之显著增大，环流量的饱和值也相应增高。关于上升管和下降管内径各自对环流量的影响，文献[16]认为，上升管内径对环流量的影响较下降管为大。但小野等[51]的研究认为下降管内径对环流量的影响更大。加藤[63]等人对多根环流管进行的研究则认为，在多根环流管条件下，环流量仍随吹气量的增大而增加，增大下降管的总截面积对环流量的影响更大。采用三根环流管（一根上升管两根下降管）可使环流量增大 50%，而设置四根可增大 70%。樊世川[65]等人采用四根管（三根上升管一根下降管）在相同吹气量下，得出此装置的环流量比传统的（一根上升管一根下降管）环流量大，且随着吹气量的增大，环流量增加也大。齐凤升[66]等的研究装置与樊世川等所用的几乎相同，也得出了相同的结论。这些差异和分歧可能是由于各自所用的实验装置的特点及实验方法和安排不同所致，对上升管和下降管的研究条件也都不是对等的。

驱动气体吹入量(吹气量)　吹气量是影响环流量的又一个重要因素。所有的研究结果都表明[13，49-66]：吹气量增大，环流量也增大。但当吹气量增大到一定程度时，环流量会达到饱和，在饱和点后，增大吹气量，环流量将不再提高。当吹气量较小时，气泡在上升管内均匀分散分布，环流量随吹气量的增大而显著增大；当吹气量较大时，气泡在上升管内分布稠密，气泡体积占据了较大比例，随着吹气量的增加，环流量增加的变化率较小；当吹气量很大时，气泡体积占据的比例很大，尺寸增大，抽引效率降低，环流量达饱和值。

吹气方式　单孔吹入时，吹入的气流偏向吹入孔口的一侧，达不到均匀分布的状态，而多孔吹入时，气体从各个方向均匀进入，同时由于吹气管径的减小使气泡细化，气泡在上升管内的分布状态好，从而能比单孔吹入更有效地发挥驱动气体的功效。Hanna[53]等根据水模研究指出，吹气管从 6 根增加到 10 根时，环流量可增大近 25%，而环流管内径从 10 cm 增大到 11 cm，环流量仅增大 10%。Kato 等[71]也指出，在同样的吹气量下 8 根 2.5 mm 吹气管比单根 7 mm 吹气管环流量提高近一倍。当然并不是孔口越多越好，Hanna[53]的研究表明，吹气管在8～10根之间最有利，过多的孔口反而会导致环流量下降，其原因就在于过多的孔口反而会使气体出口动能下降，气流在钢液内的穿透深度不足，致使气泡分布不均匀。

吹气深度 吹入气体的深度对钢液的环流量也有影响。表2.1中给出的一些研究结果表明，环流量与吹入气体深度H的平方根成正比，但该规律有一定的适用范围。吹气深度很小时，会由于气泡行程过短，气液混合不好，会发生“吹透”现象，使环流量显著减小，不可能与$H^{1/2}$成比例。较大的吹气深度，有利于气泡的分散和膨胀，使其作用于钢液的时间和行程加长，从而能更充分地发挥驱动气体的抽引效率，增大环流量。藤井[69]等的研究表明，上升管应有适当的长度，以保证有适当的吹气深度，但过长的上升管并不能进一步增大环流量。图2.1表明，吹Ar口愈低，气泡中的CO量愈多，吹Ar深度约为80 cm时，气泡中的CO/Ar比达最大值[13]。

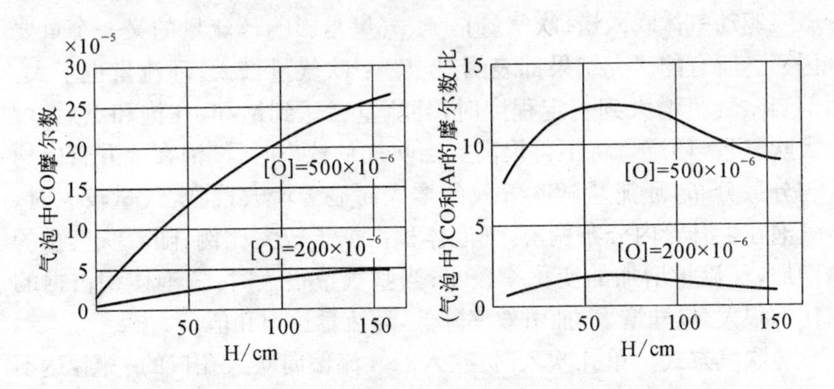

图2.1 吹气深度对CO生成反应的影响

真空室真空度 在其他条件不变的情况下，真空室真空度的高低会影响真空室和钢包内钢液的深度（即改变了真空室与钢包之间的压差），也就使下降管的流速改变，必然影响钢水的环流量变化。

插入管的插入深度和钢液黏度等对环流量影响相对较小，一般可忽略不计。

综上所述，加大驱动气体吹入量，增大环流管内径，在条件许可情况下适当增大吹气深度，选用合适的多孔吹气方式等，都可达到增大钢水环流量的目的。

混合时间 炉外精炼技术的一个重要功能就是对钢液进行良好的搅拌，使钢液的温度、成分均匀化，促进精炼反应顺利进行，混合时间是衡量其搅拌效果的一个重要指标。

混合时间 τ_m 与搅拌功率密度 ε 有着密切的联系，由传输理论可以推得：

$$\tau_m \propto \varepsilon^{-1/3} \tag{2.5}$$

ε 的指数表示了混合时间对其依赖的程度。RH 钢包内钢液的运动由重力起主要作用而引起，质量传输以湍流扩散（涡流扩散）起主要作用进行。从式(2.5)可以看出，混合时间随着搅拌能密度的增大而缩短。提高搅拌强度，即增大钢包内搅拌能密度是缩短混合时间最直接和有效的措施。

Nakanishi 等[68]通过测定吹氩钢包、ASEA－SKF 系统、RH 脱气装置的混合时间，首次提出了混合时间与搅拌能密度之间的经验关系：

$$\tau_m \propto \varepsilon^{-0.45} \tag{2.6}$$

在 RH 精炼过程中，钢包内钢液的搅拌主要源于下降管液流的动能。Nakanishi 导出 RH 装置的搅拌能密度计算式为：

$$\varepsilon = 0.0835 u_d^2 Q_l / W_L \qquad (\mathrm{W/t}) \tag{2.7}$$

加藤等[63]在研究 RH 钢包内的混合特性时，得出仅在形式上略有不同的搅拌能密度关系式：

$$\varepsilon = 0.375 Q_l^3 / D_d^4 / W_L \qquad (\mathrm{W/t}) \tag{2.8}$$

其他研究者得出的搅拌能密度的指数各有不同。浅井等[86]认为随着

能量密度的变化,指数也有所不同,他给出的关系为:

$$\tau_m \propto \varepsilon^{-(0.33—0.50)} \tag{2.9}$$

魏季和等[62]在改变吹气量和插入管径而其他条件不变的情况下,由水模拟实验数据,得到混合时间和搅拌能密度的关系为:

$$\tau_m \propto \varepsilon^{-0.50} \tag{2.10}$$

应该指出,除搅拌能密度外,钢包的几何尺寸、实际的操作条件、搅拌能的输入模式等都会对 RH 钢包内的混合过程产生很大的影响。加藤等[63]的水模研究表明,在其他条件相同时,钢包内钢液深度 H 与包径 D 之比(H/D)较大时,混合时间较短。徐匡迪等[64]对 RH-IJ 水模研究的结果也表明,移动钢包或脱气室,使下降管轴线向钢包中心移动 0.15 R(R 为钢包底面的半径),可获最佳混合效果;环流管插入较浅,也有利于钢液的混合。

2.2 RH 精炼过程中钢液流动的数学模拟

RH 精炼过程中钢液的流动性能不仅决定了其混合特性,对其中发生的精炼过程也有着重要的影响。对钢液流场的数学模拟不仅可以方便经济地再现其流动特性,而且有利于对过程本质的深入理解,从而为工艺优化提供有用的信息。

2.2.1 RH 钢包内钢液流动的二维数学模拟

作为 RH 流场的一部分,钢包内钢液的流动状态对 RH 装置的混合特性起着关键作用。通过连续性方程、$N-S$ 方程和湍流的$k-\varepsilon$ 模型,Nakanishi[68]在如下假设的基础上建立了 RH 钢包内钢液的二维数学模型,并对其进行了求解。

(1) 视 RH 装置为一轴对称体系;

(2) 计算域不包括真空室和插入管;

(3) 真空室和插入管对流场的作用表达为流场的入口和出口条件；

(4) 忽略钢包表面的熔渣作用；

(5) 假定流动处于稳态。

计算结果表明，整个钢包中无液体流动的死区，但存在钢液从下降管出口直接流向上升管入口的“短路”。如果钢包内钢液流动存在这种短路情况，将直接导致钢液在钢包内不能充分、有效地混合。这与物理模拟所得的结果也不相符。RH 装置的非轴对称性是导致所得结果不合理的直接原因。

2.2.2 RH 钢包内钢液流动的三维数学模拟

Tsujino[69]、Szatkowski[70]、Kato[71]和 Filho[72]在上述假设(2)～(4)的基础上，对钢包内钢液的流动进行了三维数值模拟。计算结果表明，RH 钢包中并不存在下降管和上升管之间的“短路”现象，钢液从下降管出来后径直冲向钢包底部，然后沿着钢包壁上升，同时形成旋涡；在上升管正下方，存在一个较大的旋涡，与物理模拟结果比较接近。

2.2.3 RH 装置内钢液流动的三维数学模拟

作为钢液循环流动的动力源，RH 装置上升管部分被忽略后，数值模拟结果明显不能精确地定量反映真实的情况。另外，RH 精炼过程中的脱碳反应主要发生在真空室内，忽略真空室内钢液的流动必然无法模拟实际脱碳过程。要比较精确地反映 RH 装置内流体的流动和精炼反应情况，必须将其作为一个整体来处理。

Li 和 He[73]利用准单相模型模拟了整个 RH 装置内钢液流动的流场。其基本假设如下：

(1) 整个计算域流体为密度沿空间分布的单相流体。

(2) 真空室表面视为平滑的自由表面。

(3) 上升管和下降管插入钢包液体中的部分被忽略。

流体的密度为

$$\rho=(1-\alpha)\rho_l+\alpha\rho_g \tag{2.11}$$

其中,对含气率 α 和气液两相区的体积,选用了 Castillejos[87] 由垂直喷吹水模拟实验所得的结果。模型控制方程为连续性方程、$N-S$ 方程和 $k-\varepsilon$ 方程,其中重力产生的动量源项为

$$F=-\rho g \tag{2.12}$$

计算结果表明,在钢包内上升管的入口处,流态呈对称性,靠近钢包底部不存在明显的大旋涡。此种流场并不很合理。这可能与计算得的下降管内的液体流速偏低有关,即与对含气率的处理有关,或者与计算本身的不合理性有关。上升管内钢液含气率的大小和分布对 RH 装置内钢液的流动起着决定性的作用,因此对其正确的估算是 RH 装置内钢液流动数学模拟的关键之一。樊世川等[88] 考虑到气泡上升过程中因压力降低而引起的体积膨胀,对该参数进行了修正,结果有明显改善。

朱苗勇等[74] 和贾兵等[75] 采用同样的控制方程对 RH 装置的流动特性进行了模拟,动量源项以浮力的形式表示为:

$$F=\alpha\rho_l g \tag{2.13}$$

其中含气率和气液两相区的体积分别由 Castillejos 等[87] 和蔡志鹏等[89] 的经验关系式确定。计算结果与樊世川等的类似。

Park 等[76] 使用相似的方法对水模型和实际装置的流场进行了数值模拟。整个气液两相区的浮力总和为

$$f=g(\rho_l-\rho_g)V_j\alpha'(1-\alpha') \tag{2.14}$$

对于含气率的处理,一是利用 Themelis 等[90] 的实验结果确定气泡垂直上升前的全浮力区及其体积;二是利用 Iguchi[91] 的实验结果确定气泡垂直上升的全浮力区及其体积,并且考虑多个喷嘴造成全浮力区交汇的情况,进而由下式确定该区的平均含气率:

$$Q_m = Q_g \times t_{melt} = Q_g \times \frac{H_{melt}}{u_{melt} + u_{slip}} \tag{2.15}$$

$$\alpha' = \frac{Q_m}{V_j} \tag{2.16}$$

对于实际 RH 装置，由于钢液密度比水的密度大和真空室内的压力很低，气泡上升过程中必然存在更大的膨胀，根据 Sezkely 等[92]提出的低压下上升气泡尺寸变化式，计算了气泡在上升过程中不同位置的半径，从而得到气泡的体积膨胀部分和膨胀比 γ，由此得作用于全浮力区内控制容积上的浮力为：

$$f_{C\text{-}V} = \frac{f}{V_{tot}} V_{CV} \gamma \tag{2.17}$$

计算所得的流场比较合理，与实测值相比，得到的环流量较合理。

2.3 钢液 RH 精炼脱碳过程的数学模拟

对超低碳钢的 RH 精炼而言，所需的精炼时间和最终的精炼效果与钢液脱碳过程的精确控制密切相关，而建立合理的脱碳模型是实现脱碳过程精确控制的关键之一。迄今为止，已经研制和提出了大量 RH 精炼脱碳过程的数学模型，比较典型的有：Yamaguchi[93]模型、Kleimt[41]模型、Takahashi[94]模型和魏季和-郁能文[95, 96]模型。下面将分别介绍之。

2.3.1 Yamaguchi 等的模型[93]

Yamaguchi 等同时考虑钢液内碳和氧传质对脱碳速率的影响，提出以下模型。

该模型基本假设是：

(1) 钢包和真空室中钢液完全混合；

(2) 脱碳反应仅在真空室内进行；

(3) 气液界面处钢液内碳和氧的浓度与气相中的 CO 分压相平衡；

(4) 脱碳速率受钢液内碳和氧的传质控制。

基于以上基本假设，真空室和钢包中碳和氧的质量衡算方程为

$$W_L \frac{\mathrm{d}C_L}{\mathrm{d}t} = Q_l(C_V - C_L) \tag{2.18}$$

$$W_L \frac{\mathrm{d}O_L}{\mathrm{d}t} = Q_l(O_V - O_L) \tag{2.19}$$

$$w \frac{\mathrm{d}C_V}{\mathrm{d}t} = Q_l(C_L - C_V) - ak_C\rho_l(C_V - C_s) \tag{2.20}$$

$$w \frac{\mathrm{d}O_V}{\mathrm{d}t} = Q_l(O_L - O_V) - ak_O\rho_l(O_V - O_s) \tag{2.21}$$

$$\frac{ak_C\rho_l(C_V - C_S)}{M_C} = \frac{ak_O(O_V - O_s)}{M_O} \tag{2.22}$$

$$\log \frac{C_s O_s}{P_{CO}^*} = -\left(\frac{1\,160}{T} + 2.003\right) \tag{2.23}$$

对于 RH－KTB 情形，KTB 操作相当于向真空室钢液供氧，真空室中关于氧的衡算方程为

$$w \frac{\mathrm{d}O_V}{\mathrm{d}t} = Q_l(O_L - O_V) - ak_O\rho(O_V - O_s) + 1.43 \times 10^2 \beta F_{O_2} \tag{2.24}$$

其中，β 代表顶吹氧气用于脱碳和钢液吸收氧量之和占总吹氧之比，一般取 50%～80%，其余主要消耗于 CO 的二次燃烧。对于[C]＞50×10^{-4} mass%的情形，该模型的估计结果与实测值吻合很好，但当[C]＜50×10^{-4} mass%时，存在较大的偏差。这可能与忽略上升管内气泡的脱碳作用和真空室液滴的脱碳作用有关。

2.3.2 Kleimt 等的模型[41]

Kleimt 等假设

(1) 钢包和真空室内的钢液完全混合；

(2) 脱碳反应仅在真空室内发生；

(3) 钢液中的溶解氧部分来自钢包顶渣，且完全以反应 FeO=[Fe]+[O]形式供给；

(4) 气液界面钢液内碳和氧浓度与气相中 CO 的分压相平衡，此 CO 分压等于真空室 CO 分压 $P_{CO,V}$；

(5) 脱碳速率受钢液内碳和氧传质控制；

(6) 脱碳反应符合化学计量关系。

据此，有以下方程成立

$$\frac{dC_L}{dt}=-\frac{Q_l}{W}(C_V-C_L) \tag{2.25}$$

$$\frac{dC_V}{dt}=-\frac{Q_l}{w}(C_L-C_V)-\frac{ak_C\rho_l}{w}(C_V-C_{V,Q}) \tag{2.26}$$

$$\frac{dO_L}{dt}=\frac{Q_l}{W}(O_V-O_L)-\frac{1}{T_{OL}}(O_L-O_{L,Q}) \tag{2.27}$$

$$\frac{Q_l}{W}(O_L-O_V)=\frac{M_O Q_l}{M_C W}(C_L-C_V)=\frac{M_O}{M_C}\left(-\frac{dC_L}{dt}\right) \tag{2.28}$$

$$-\frac{dFe_s}{dt}=\frac{M_{Fe}}{M_O}\frac{1}{T_{OL}}(O_{LQ}-O_L) \tag{2.29}$$

FeO 还原反应的平衡常数为

$$K_{Fe,L}=\frac{a_{FeO,L}}{a_{Fe,LQ}f_{O,L}O_{L,Q}} \tag{2.30}$$

对 C－O 反应而言，

$$K_{CO}=\frac{P_{CO,V}}{f_{CV}C_{VQ}f_{OV}O_{VQ}} \tag{2.31}$$

$$\frac{C_L - C_{VQ}}{O_L - O_{VQ}} = \frac{M_C}{M_O} \tag{2.32}$$

从而

$$C_{V,Q} = -\frac{1}{2}\left(\frac{M_C}{M_O}O_L - C_L\right) + \left[\frac{1}{4}\left(\frac{M_C}{M_O}O_L - C_L\right)^2 + \frac{M_C}{M_O}K_{CV}P_{CO,V}\right]^{1/2} \tag{2.33}$$

变量 $P_{CO,V}$ 取决于真空室内的压力 P_V，考虑到抽气过程的迟滞效应，有

$$T_{PV}\frac{dP_V}{dt} + P_V = \frac{(Q_{CO\text{-}CO_2} + Q_g + Q_F)P_O}{S_P} \tag{2.34}$$

其中 $CO - CO_2$ 流量可由总脱碳速率表示

$$Q_{CO\text{-}CO_2} = V_D\left(-\frac{dC}{dt}\right) = V_D\frac{w}{W}\frac{1}{T_{CV}}(C_V - C_{VQ}) \tag{2.35}$$

这里，$V_D = 22.4\,W/(12 \times 100)$，$m^3/kg$

该模型的估计结果与实际过程的比较相吻。考虑到实用性和参数选取，简化后的模型已应用于实际 RH 精炼过程的动态控制。然而，就精炼反应的机理而言，尽管该模型考虑了钢包顶渣向钢液供氧这一事实，但仍然没有考虑上升管内气泡和真空室液滴位置的脱碳作用。

2.3.3 Takahashi 等的模型[94]

该模型的基本假设为

(1) 脱碳反应部位有钢液和 Ar 气泡、CO 气泡界面，真空室内钢液自由表面(包括喷溅的液滴)；

(2) 钢液侧氧的传质不会成为反应速率的限制性环节；

(3) 真空室内钢液自由表面脱碳的气相传质可予忽略；

(4) 脱碳仅在真空室内发生;

(5) 视钢包和真空室为全混反应器;

(6) 气泡为球形且相互间不发生聚合;

(7) 气泡在钢液循环开始起在钢液内自由上升,钢液循环稳定后其速率等于循环速率;

(8) 脱碳时 CO 的生成量正比于过饱和度。

1) Ar 气泡/钢液界面处的脱碳

Ar 气泡/钢液界面处的脱碳为液相内传质、气相内传质和界面化学反应混合控制。相应地,有液相内传质的速率方程

$$\begin{aligned}\frac{\mathrm{d}n_{\mathrm{CO}}}{\mathrm{d}t} &= k_{L,B}\frac{A_B}{V}\frac{w}{100M_{\mathrm{C}}}([\%\mathrm{C}]_V-[\%\mathrm{C}]_i)\\ &= k_{L,B}\frac{\rho_l A_B}{100M_{\mathrm{C}}}([\%\mathrm{C}]_V-[\%\mathrm{C}]_i)\end{aligned} \tag{2.36}$$

气泡/钢液界面处化学反应速率

$$\frac{\mathrm{d}n_{\mathrm{CO}}}{\mathrm{d}t} = k_{\mathrm{CO}}\frac{A_B}{RT}([\%\mathrm{C}]_i[\%\mathrm{O}]_i K_{\mathrm{CO}}-P_{\mathrm{CO},i}) \tag{2.37}$$

气相内 CO 传质的速率方程

$$\frac{\mathrm{d}n_{\mathrm{CO}}}{\mathrm{d}t} = k_G\frac{A_B}{RT}(P_{\mathrm{CO},i}-P_{\mathrm{CO},B}) \tag{2.38}$$

由上述诸方程得混合控制下界面处钢液内的碳浓度为

$$[\%\mathrm{C}]_i = \frac{[\%\mathrm{C}]_V+\dfrac{100M_{\mathrm{C}}k_{\mathrm{C}r}k_G P_{\mathrm{CO},B}}{\rho_l RTk_{L,B}(k_{\mathrm{C}r}+k_G)}}{1+\dfrac{100M_{\mathrm{C}}k_{\mathrm{C}r}}{\rho_l RTk_{L,B}}[\%\mathrm{O}]_i K_{\mathrm{CO}}\left(1-\dfrac{k_{\mathrm{C}r}}{k_{\mathrm{C}r}+k_G}\right)} \tag{2.39}$$

由

$$f = \frac{P_{\mathrm{CO},s}}{P_{\mathrm{CO},e}} = \frac{P_{\mathrm{CO},s}}{[\%\mathrm{C}]_V[\%\mathrm{O}]_V K_{\mathrm{CO}}} \tag{2.40}$$

$$P_{CO,s}=\frac{-\frac{w}{100M_C}\frac{d[\%C]_V}{dt}}{-\frac{w}{100M_C}\frac{d[\%C]_V}{dt}+\frac{G}{0.024}}P_V \tag{2.41}$$

得 Ar 气泡/钢液界面处的脱碳速率及钢液含碳量的变化分别为

$$-\frac{d[\%C]_V}{dt}=\frac{-\frac{G}{0.024}[\%C]_V[\%O]_V K_{CO}f}{\frac{w}{100M_C}([\%C]_V[\%O]_V K_{CO}f-P_V)} \tag{2.42}$$

$$\Delta[\%C]_{V1}=-\frac{-\frac{G}{0.024}[\%C]_V[\%O]_V K_{CO}f}{\frac{w}{100M_C}([\%C]_V[\%O]_V K_{CO}f-P_V)}\Delta t \tag{2.43}$$

2）真空室自由表面处的脱碳

$$\begin{aligned}-\frac{d[\%C]_V}{dt}&=k_{L,s}\frac{\rho A_V}{w}([\%C]_V-[\%C]_S)\\&=k_{Cr}\frac{100M_C}{w}\frac{A_V}{RT}([\%C]_S[\%O]_i K_{CO}-P_{CO})\end{aligned} \tag{2.44}$$

消去自由表面处钢液的碳浓度$[\%C]_S$

$$\frac{-d[\%C]_V}{[\%O][\%C]K_{CO}-P_{CO}}=\frac{100\,M_C k_{Cr}k_{L,s}\rho A_V dt}{w(100\,M_C k_{Cr}[\%O]_i K_{CO}+k_{L,s}\rho RT)} \tag{2.45}$$

自由表面处的脱碳量为

$$\begin{aligned}&-\Delta[\%C]_{V2}\\&=\frac{100M_C k_C k_{L,s}\rho A_V([\%O]_i[\%C]_V K_{CO}-P_{CO})}{w(100M_C k_C[\%O]_i K_{CO}+k_{L,s}\rho RT)}\Delta t\end{aligned} \tag{2.46}$$

3）CO 气泡脱碳

$$-\frac{\mathrm{d}[\%\mathrm{C}]_V}{\mathrm{d}t}=K_V(K_{\mathrm{CO}}[\%\mathrm{C}]_V[\%\mathrm{O}]_V-P_V) \tag{2.47}$$

CO 气泡脱碳量为

$$\Delta[\%\mathrm{C}]_{V3}=K_V(K_{\mathrm{CO}}[\%\mathrm{C}]_V[\%\mathrm{O}]_V-P_V)\Delta t \tag{2.48}$$

4）真空室总脱碳量

钢包和真空室内钢液含碳量之差引起碳量变化的微分方程为

$$\frac{\mathrm{d}[\%\mathrm{C}]_V}{\mathrm{d}t}=\frac{Q_l}{w}([\%\mathrm{C}]_L-[\%\mathrm{C}]_V) \tag{2.49}$$

脱碳量为

$$\Delta[\%\mathrm{C}]_{V4}=\frac{Q_l}{w}([\%\mathrm{C}]_L-[\%\mathrm{C}]_V)\Delta t \tag{2.50}$$

真空室内总的碳量变化为

$$\begin{aligned}\Delta[\%\mathrm{C}]_V=&\Delta[\%\mathrm{C}]_{V1}+\Delta[\%\mathrm{C}]_{V2}+\\&\Delta[\%\mathrm{C}]_{V3}+\Delta[\%\mathrm{C}]_{V4}\end{aligned} \tag{2.51}$$

钢包内钢液含碳量随时间的变化为

$$\frac{\mathrm{d}[\%\mathrm{C}]_L}{\mathrm{d}t}=-\frac{Q_l}{W_L}([\%\mathrm{C}]_L-[\%\mathrm{C}]_V) \tag{2.52}$$

尽管通过调整模型中的可控参数使模拟结果与实际情况较相符，但是该模型还是存在一些不足之处。首先，将 Ar 气泡的脱碳作用置于真空室中，必然会放大其脱碳效果，模拟结果充分显示了这一点；其次，没有考虑真空液滴位置的脱碳作用；最后，所得结果显示，整个精炼过程中自由表面对脱碳的贡献相当小，这似与事实不完全相吻。

2.3.4 魏季和郁能文模型[95, 96]

该模型的基本假设是

(1) 钢包内钢液处于完全混合状态;

(2) 气泡和钢液在上升管内为一维稳定的气液两相流,且呈环状流,下降管内钢液的流动为活塞流;

(3) 精炼反应在上升管、真空室熔池和真空室内液滴流群三个位置同时发生;

(4) 在真空室和钢包内均发生混匀过程,前者为液滴流群与停留在真空室内其他钢液的混匀过程;

(5) 钢液侧物质传质为精炼过程的速率控制环节;

(6) 同时考虑上升管、真空室和下降管的流动阻力;

(7) 假定气泡呈球形切不发生聚合作用;

(8) 不考虑处理过程中的温度降。

考虑一个循环周期(对应于环流量),对于各反应位置,提出了相应的数学描述。

1) 上升管内精炼过程的数学模型

上升管内,根据物质守恒当有:

对气相

$$\frac{\mathrm{d}}{\mathrm{d}z}(Nu_gA_un_i)=A_uG_i \tag{2.53}$$

对钢液

$$\frac{\mathrm{d}}{\mathrm{d}z}\{(1-\alpha)u_1A_uC_i\}=-A_uG_i \tag{2.54}$$

$$\alpha(z)=\frac{4}{3}\pi r^3(z)N \tag{2.55}$$

根据气体状态方程,可有:

$$P_g=P_1+P_\sigma=\frac{3RT}{4\pi r^3}\sum_i\lambda_in_i \tag{2.56}$$

$$\rho_g=\frac{3\sum\limits_iM_in_i}{4\pi r^3} \tag{2.57}$$

由动量守恒,对钢液和气相,分别有:

$$\rho_1(1-\alpha)u_1\frac{\mathrm{d}u_1}{\mathrm{d}z}=-\rho_1 g(1-\alpha)-(1-\alpha)\frac{\mathrm{d}P_1}{\mathrm{d}z}+\frac{3}{8}f_b\frac{\alpha\rho_1 u_r^2}{r}-2f_u\frac{\rho_1 u_1^2}{D_u}-\eta u_r G \tag{2.58}$$

$$\rho_g\alpha u_g\frac{\mathrm{d}u_g}{\mathrm{d}z}=-\rho_g g\alpha-\alpha\frac{\mathrm{d}P_1}{\mathrm{d}z}-\frac{3}{8}f_b\frac{\alpha\rho_1 u_r^2}{r}-(1-\eta)u_r G \tag{2.59}$$

由两相流的连续性方程

$$\frac{Q}{u_1}+\frac{Q_{\mathrm{Ar}}+Q_{\mathrm{CO}}+Q_{\mathrm{H_2}}+Q_{\mathrm{N_2}}}{u_g}=A_u$$

在视 Q 位常数的情况下,可以推得

$$\{P_1Q+NA_uRTn_{\mathrm{Ar}}u_r+NA_uRTn_{\mathrm{CO}}u_r+\frac{1}{2}NA_uRTn_{\mathrm{H}}u_r+NA_uRTn_{\mathrm{N}}u_r-A_uu_1P_1\}\frac{\mathrm{d}r}{\mathrm{d}z}+\{NA_uRTn_{\mathrm{Ar}}r+NA_uRTn_{\mathrm{CO}}r+\frac{1}{2}NA_uRTn_{\mathrm{H}}r+\frac{1}{2}NA_uRTn_{\mathrm{N}}r-2A_u\sigma-A_urP_1\}\frac{\mathrm{d}u_1}{\mathrm{d}z}+(Qr-A_uu_1r)\frac{\mathrm{d}P_1}{\mathrm{d}z}+NA_uRTru_1\frac{\mathrm{d}n_{\mathrm{CO}}}{\mathrm{d}z}+\frac{1}{2}NA_uRTru_1\frac{\mathrm{d}n_{\mathrm{H}}}{\mathrm{d}z}+\frac{1}{2}NA_uRTru_1\frac{\mathrm{d}n_{\mathrm{N}}}{\mathrm{d}z}=0 \tag{2.60}$$

给定边界条件和 G_i 即可求解上述由式(2.53)~(2.60)组成的方程组而得 $C_i(z)$,其中 G_i 可由下式确定:

$$G_i=4\pi r^2Nj_i \tag{2.61}$$

对于 C-O 反应[C]+[O]={CO}, (2.62)

$$\Omega_{CO} = \frac{P_{CO}}{C_{C_e} C_{O_e}} \tag{2.63}$$

$$j_C = k_C(C_C - C_{Ce}) = j_O = k_O(C_O - C_{Oe}) \tag{2.64}$$

消去界面平衡浓度得

$$j_C = j_O = \frac{k_O C_O + k_C C_C}{2}\left[1 - \sqrt{\left(\frac{k_O C_O - k_C C_C}{k_O C_O + k_C C_C}\right)^2 + \frac{4 k_C k_O P_{CO}}{\Omega_{CO}(k_O C_O + k_C C_C)^2}}\right] \tag{2.65}$$

对于钢液中的 H、N 则有

$$j_H = k_H(C_H - K_H\sqrt{P_{H_2}}) \tag{2.66}$$

$$j_N = k_N(C_N - K_N\sqrt{P_{N_2}}) \tag{2.67}$$

结合上升管内的两相流动和物质衡算可得上升管内两相流各部位钢液内各有关组分的浓度 $C_i(z)$，从而得上升管区段总的精炼效果为

$$\Delta q_{iu} = Q(C_i(0) - C_i(L)) \qquad i = \text{C, O, H, N} \tag{2.68}$$

2）真空室液滴流群位置精炼过程的数学模型

假定真空室上空的所有液滴均为球形，流过上升管段后钢液浓度为 C_{uo}，与气相平衡的液滴表面浓度为 C_{de}，则对单个液滴，有下式成立：

$$\frac{\partial C_d}{\partial t} = D\left(\frac{\partial^2 C_d}{\partial r^2} + \frac{2}{r}\frac{\partial C_d}{\partial r}\right)$$

$$(0 \leqslant t \leqslant \theta,\ 0 \leqslant r \leqslant R_d) \tag{2.69}$$

相应的单值条件为

$$\begin{aligned} &C_d(r,\ 0) = C_{u0} \\ &C_d(0, t) = C_{u0} \\ &C_d(R_d,\ t) = C_{de} \end{aligned} \tag{2.70}$$

由该问题的解析解求体积平均浓度，并忽略 C_{de} 随时间的变化，得

$$C_{dm}(t) = C_{de} + \frac{6(C_{u0} - C_{de})}{\pi^2} \sum_{n=1}^{\infty} \frac{1}{n^2} \exp\left(-\frac{n^2 \pi^2 Dt}{R_d^2}\right) \quad (2.71)$$

因而在一定时间内液滴群的总精炼量为

$$\Delta q_{id} = N_d(C_{u0,\,i} - C_{dm,\,i}(t)) \qquad i = \mathrm{C,\ O,\ H,\ N} \quad (2.72)$$

3）真空室熔池内精炼过程的数学模型

脱碳在整个真空室熔池内发生，不考虑其流动状况的情况下，有

$$\frac{\mathrm{d}C_i}{\mathrm{d}t} = -\frac{F}{V_V} k_i (C_i - C_{ie}) \qquad (0 \leqslant t \leqslant \tau_V) \quad (2.73)$$

其中一个循环周期内，真空室钢液停留时间 $\tau_V = W/Q$。平衡浓度的计算同上。解上述微分方程得 $C_i(t)$，从而真空室精炼量为

$$\Delta q_{iV} = Q(C_i(0) - C_i(\tau_V)) \qquad i = \mathrm{C,\ O,\ H,\ N} \quad (2.74)$$

综上，每次循环总精炼量为

$$\Delta q_{it} = \Delta q_{iu} + \Delta q_{iV} + \Delta q_{id} \quad (2.75)$$

对于顶吹氧(KTB)过程，认为其仅增加真空室钢液和液滴的初始氧含量，从而

$$\frac{\mathrm{d}C_\mathrm{C}}{\mathrm{d}t} = -\frac{F}{V_V} k_\mathrm{C} (C_\mathrm{C} - C_{\mathrm{C}e}) \quad (2.76)$$

$$\frac{\mathrm{d}C_\mathrm{O}}{\mathrm{d}t} = -\frac{F}{V_V} k_\mathrm{O} (C'_\mathrm{O} - C_{\mathrm{O}e}) \quad (2.77)$$

其中 $C'_\mathrm{O} = C_\mathrm{O} + \Delta \mathrm{O}_V$，$\Delta \mathrm{O}_V$ 为在顶吹氧作用下真空室钢液增加的氧量。

应用该模型对实际 RH 精炼过程的模拟相当成功。同时得出：(1) 上升管、真空室液滴和熔池脱碳比例大致为 10.47%～11.62%、37.44%～37.97%和 50.52%～52.09%；(2) 对于 KTB 过程，当初

始碳含量高于一定的值时，可明显加快脱碳反应速率，不仅可以提高相应的初始碳含量，而且可明显缩短脱碳精炼时间；(3) 当吹气量达到一定值后，进一步增加吹气量对脱碳效果的影响不大。该模型同时考虑了上升管中 Ar 气泡、真空室内熔池和液滴三个反应部位的脱碳，及钢液流动的作用，更接近 RH 处理过程的实际情况。从目前已发表的 RH 脱碳过程的一维数学模型来看，当是最好的。

2.3.5 RH 脱碳过程的三维数学模型

在紊流情况下，相应于钢液内碳浓度分布的非稳态方程为

$$\frac{\partial}{\partial t}(\rho[\mathrm{C}]) = -\bar{\mu}\cdot\nabla(\rho[\mathrm{C}]) + \nabla\cdot(D_{eff}\nabla[\mathrm{C}]) + \Phi \qquad (2.78)$$

对于脱碳反应源项 Φ 的确定，具有决定性作用。

RH 脱碳过程的三维数值模拟中，Szatkowski 等[70]、Kato 等[71]和 Filho 等[72]都不考虑真空室作用，仅考虑钢包流动情况且假定脱碳在其中进行。这显然与实际有很大差别，很不合理。朱苗勇等[97]将真空室与钢包作为整体，进行了流场和脱碳过程的数学模拟，但是对于两相区的处理和脱碳源项的考虑还是与实际情况存在相当大的差距，需作进一步优化处理。

2.4 RH 装置上升管中液相内的气泡直径

作为整个装置的动力源，RH 装置的上升管部位尤其是其气-液两相区影响着钢液的流动特性和精炼效果。迄今为止，直接针对 RH 装置上升管中液相内 Ar 气泡直径的研究还未见报道。然而，对气-液两相体系，业已做了大量研究，并取得了一定的成果[77, 78, 87, 89-92]。RH 水模型和实际装置上升管中液相内 Ar 气泡的直径可基于这些工作来确定之。

2.4.1 低温常压下的喷吹

对于垂直喷吹的情况，Leibson 等[77]的研究结果如图 2.2 所示，并得如下经验关系式

$$D_{vs}=\begin{cases}0.19D_0^{0.48}N_{\mathrm{Re}}^{0.32} & N_{\mathrm{Re}}\leqslant 2\,100\\ 10^{\lg D_G+5.757\sigma^2} & 2\,100<N_{\mathrm{Re}}\leqslant 10\,000\\ 0.28N_{\mathrm{Re}}^{-0.05} & 10\,000\leqslant N_{\mathrm{Re}}\end{cases}\tag{2.79}$$

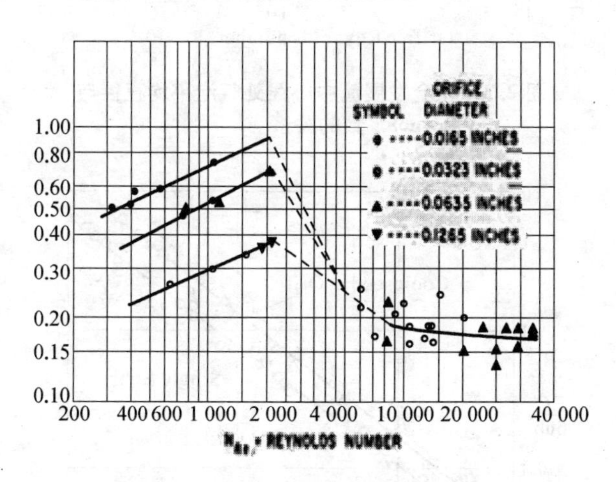

图 2.2 底吹流股气泡平均直径和 Reynolds 数的关系

在 $2\,100<N_{\mathrm{Re}}\leqslant 10\,000$ 范围内，Castillejos 和 Brimacombe[87]对气/水、N_2/Hg、He/Hg 体系所作的研究结果示于图 2.3。所得结果与 Leibson 等[77]的数据有相似之处，即气泡直径随 Reynolds 数增大呈递减关系，随表面张力的增大呈递增关系。

对水平喷吹的情况，Davidson 和 Amick[78]汇集了前人和自己所得的结果，示于图 2.4。数据的曲线拟合表明，Eversole、Maier、Sprangue、Hagerty 和 Davidson 等的结果符合下式：

$$v=0.189(qR_0^{0.5})^{0.953}\tag{2.80}$$

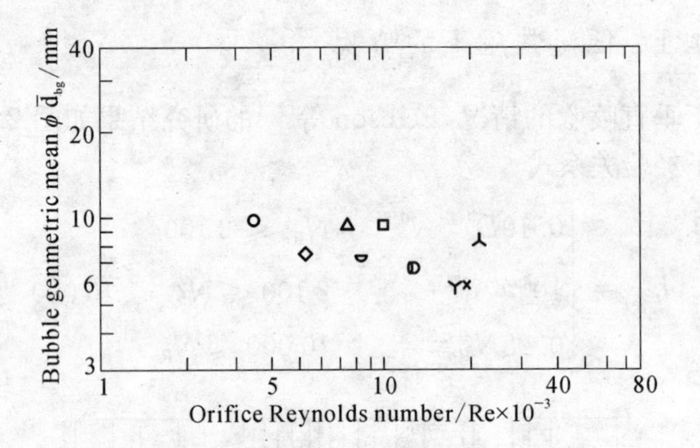

图 2.3 完全发展流中心线处气泡平均直径与 Reynolds 数的关系

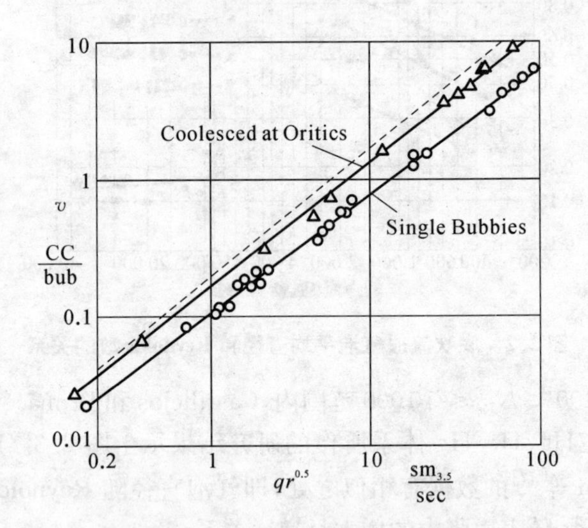

图 2.4 气泡体积和 qr0.5 间的关系

Davidson 和 Amick[78] 的实验关系式为：

$$\text{单个气泡} \quad v = 0.110(qR_0^{0.5})^{0.867} \tag{2.81}$$

$$\text{气泡在喷嘴口处聚合} \quad v = 0.163(qR_0^{0.5})^{0.914} \tag{2.82}$$

2.4.2 高温常压下的喷吹

Mori 等[98, 99]以加热气体吹入 1 600℃的铁液，研究了不同条件下气泡直径的变化，结果如图 2.5 和 2.6 所示。可以看到，气体流量增加到一定值后，液体性能对气泡直径的影响可予忽略。结合自己和前人的工作，得到如下关系式：

$$d_B = \left\{ \left(\frac{6\sigma d_n}{\rho_l g} \right)^2 + \left[0.54 (V_g d_n^{0.5})^{0.289} \right]^6 \right\}^{1/6} \tag{2.83}$$

式(2.83)与图 2.5 和图 2.6 给出的实验数据吻合很好，能够预测喷嘴上方的气泡直径。Iguchi 等[91, 100]分别以 1 250℃、1 600℃的铁液进行了等温喷吹试验，所测得的结果示于图 2.7。这些结果也能用式(2.83)预测。但是必须指出的是，其实验中相应的 Reynods 数都小于 2 100。当 Reynods 数都大于 2 100 时，式(2.83)与 Leibson 等[77]的结果不符。Ozawa 等[99]认为这是由于测量部位不同所致。在 Mori[98, 99]的实验中测量的是喷嘴正上方形成的大气泡，而 Leibson 等[77]测量的是在较高处因大气泡破碎而生成的小气泡。由图 2.7 可见，在一定高度上气泡直径与气泡在垂直方向的位置无关，Xie 等[101]采用 100℃的铋基低熔点合金进行喷吹试验也得到了大致相近的结果。

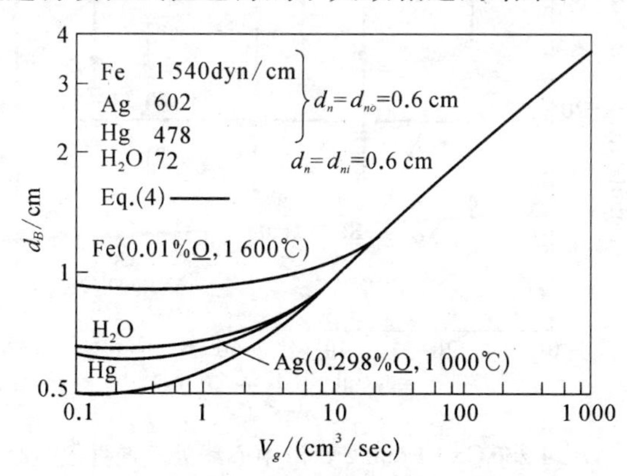

图 2.5 各种液体中形成的气泡尺寸之比较

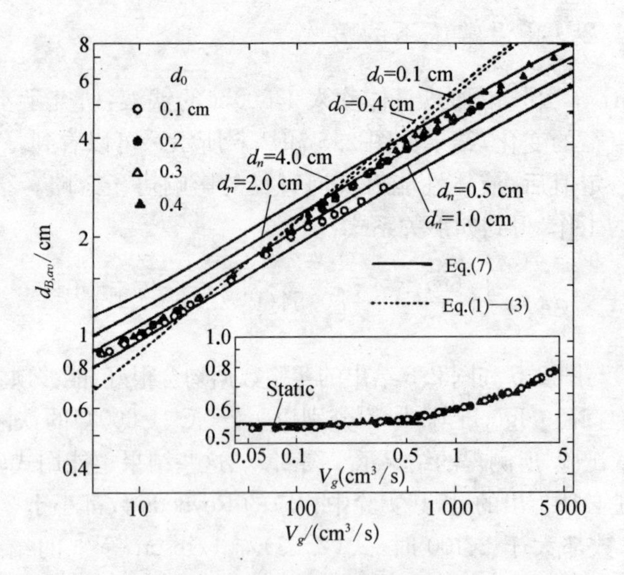

图 2.6　平均气泡直径和气体流量之间的关系

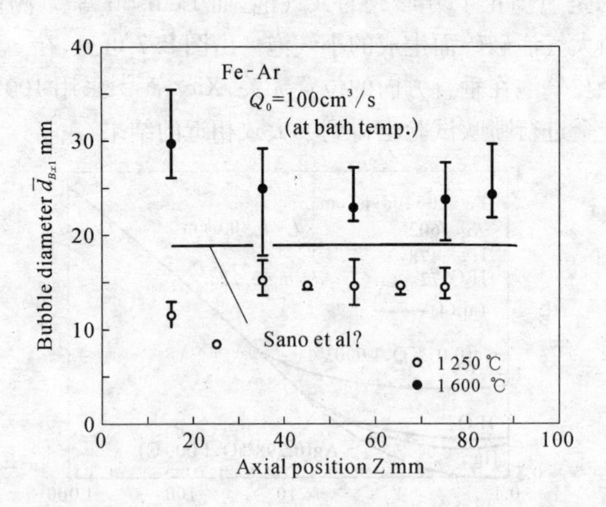

图 2.7　1 250℃和 1 600℃铁浴中心线处气泡直径的比较

2.4.3 常温低压下的喷吹

对于低压下的气体喷吹，Tatsuoka 等[102]的实验研究结果表明，气泡上升过程中，其直径增大很缓慢，但在接近液体表面部位其直径迅速增大。这表明，在气泡上升过程中，其内部压力与环境压力并未达到平衡。

2.4.4 模型和实际 RH 装置上升管部位气泡直径的确定

对于 RH 水模型中的情况，Leibson 等[77]和 Davidson 和 Amick[78]的研究结果都可以用于估计上升管部位气泡的直径。试算表明，前者估算的气泡直径偏小，后者的估算值与实际情况比较吻合。

对于实际 RH 装置，其喷吹过程属于高温喷吹。如上所述，在 Mori 等[98, 99]和 Iguchi 等[91, 100]的研究中，相应的 Reynods 数范围均比实际 RH 装置内的值小，如果将其结果外推至实际 RH 装置内的情况，上升管部位 Ar 气泡的直径可高达 80 mm 以上，这是不可想象的。而且几乎所有的研究结果都表明[77, 98, 99]，在高 Reynolds 数范围内，气泡直径与液体的性质无关。采用 Davidson 和 Amick[78]的研究结果(式(2.82))估算实际 RH 装置上升管部位 Ar 气泡的直径可能较可靠。

2.5 RH 精炼过程中钢液脱碳机理的研究

如前所述，对 RH 精炼脱碳过程而言，搞清 RH 精炼过程的脱碳机理是建立一个合理脱碳模型的关键所在。对这方面的研究，从 RH 装置用于脱碳起就一直没有停止过。有关的报道不胜枚举，下面对其作简单综述。

2.5.1 真空感应炉内脱碳的研究

由于 RH 过程在高温、真空下进行，直接对其进行实验室模拟有相当大的难度，其中一个突出的问题在于体系的温降。尽管不能以真空感应熔炼模拟 RH 精炼过程中 Ar 气泡/钢液界面和真空室液滴位置的脱碳过程，但作为真空冶金过程模拟的重要手段之一，还是可以用于 RH 精炼真空室熔池部位脱碳反应过程的模拟。

Kishimoto 等[79]在 12 kg 真空感应炉内 Ar 气氛下进行了超低碳范围（$<50\times10^{-4}$ mass%）的脱碳研究，典型的实验结果如图 2.8 和 2.9 所示。分析表明，在整个反应过程中，$(300\sim500)\times10^{-4}$ mass% 的初始氧含量几乎无变化，据此认为其含量较高，对反应无影响。[C]$>(25\sim35)\times10^{-4}$ mass%的情况下，脱碳反应在部分坩埚壁、熔体表面和熔体内部发生，反应面积正比于 md^2+nd（$d=0.15$ m为坩埚内径），$C<(25\sim35)\times10^{-4}$ mass%时仅在坩埚壁发生，反应面积正比于 d。在超低碳范围内，钢液中的硫对脱碳的影响是负面的，但作用很小，可予忽略。温度的影响在于增大感应炉输入功率，可增强搅拌，促进钢中碳的传质；压力的降低，使 CO 的逸出加速，搅拌增强，也可促进钢中碳的传质。进一步研究表明，气相中 CO 的传递并不成为脱碳反应速率的限制性环节。熔体内部形成 CO 气泡的部位可由下式确定之

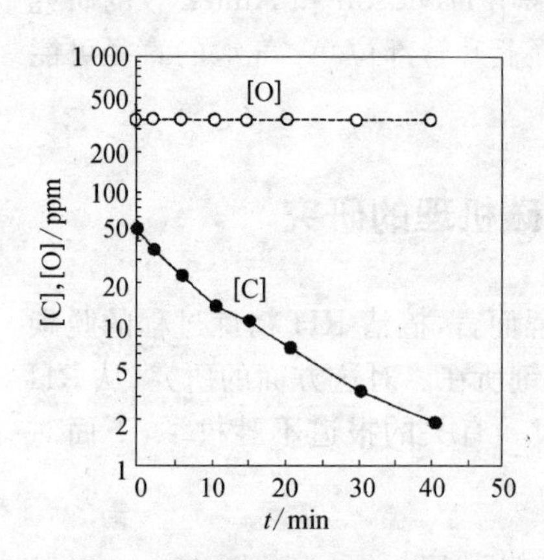

图 2.8　铁液中碳氧浓度变化的典型实例

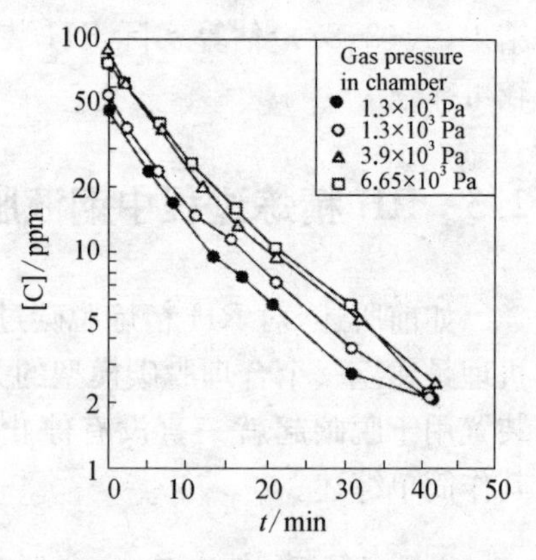

图 2.9　真空度对钢液内碳浓度变化

$$P_r = P_V + \rho_l gh + 2\gamma/r < P_{CO} \tag{2.84}$$

结合实际 RH 精炼，认为钢液内碳的传质是 RH 精炼过程中碳氧反应速率的限制性环节。随反应的进行，在超低碳范围内，生成的液滴量减少，相应地，反应界面积减小，加之钢液内碳本身的降低，致使反应减慢。

对于低氧（<（20～50）$\times 10^{-4}$ mass%）低碳（<（100～200）$\times 10^{-4}$ mass%）浓度的钢液，Sano 等[80]对真空感应炉内的脱碳反应作了研究。但是，对于实际 RH 过程，钢液内的氧含量通常大于200$\times 10^{-4}$ mass%，因此他们所取的实验条件与实际过程差异较大，不足以反映真空循环脱碳精炼过程的真实情况。

2.5.2 真空悬浮熔炼条件下钢液的脱碳研究

与真空感应熔炼一样，真空悬浮熔炼也用作为真空条件下碳氧反应机理研究的重要手段之一。Liu 等[81]取初始碳量分别为1 870，1 230，880，35$\times 10^{-4}$ mass%，相应的初始氧量为 800、300、200 和350$\times 10^{-4}$ mass%的四组钢液，所得结果如图 2.10、2.11 所示（终点碳量分别为 800，250，350，1$\times 10^{-4}$ mass%）。假定脱碳反应关于碳浓度为一级反应，则有

$$\ln(10^{-4}[C]) = k_{ov}\left(\frac{A}{V}\right)t + \psi \tag{2.85}$$

结合实验结果，可得 $k_{ov} = 1.6 \times 10^{-5}$ m/s。而假定钢液内的碳和气相内的 CO 的传质为碳氧反应速率的限制性环节，有

$$n_C = 5.83 k_C \times 10^{-5}([C] - [C]_i) \tag{2.86}$$

$$n_C = 10^{-4}\frac{k_g}{RT}(P_{CO}^i - P_{CO}) \tag{2.87}$$

根据准稳态原理和实验结果，得 $k_C = 2.8 \times 10^{-5}$m/s，$k_g = 120$ m/s。对比 k_{ov}、k_C 和 k_g 的值，可以认为脱碳反应速率的限制性环节只可能

为钢液内碳的传质。但是将四组实验结果统一按钢液内碳的传质作为限制性环节处理，由其实验数据来看，这并不恰当。因此，该研究的结论尚有不足之处。

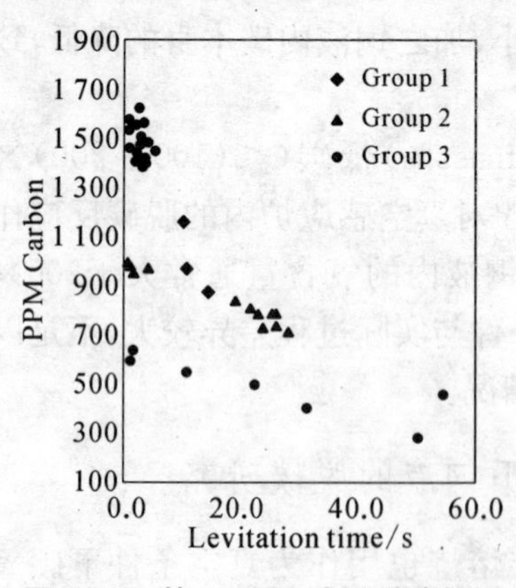

图 2.10　第1—3组试样脱碳数据

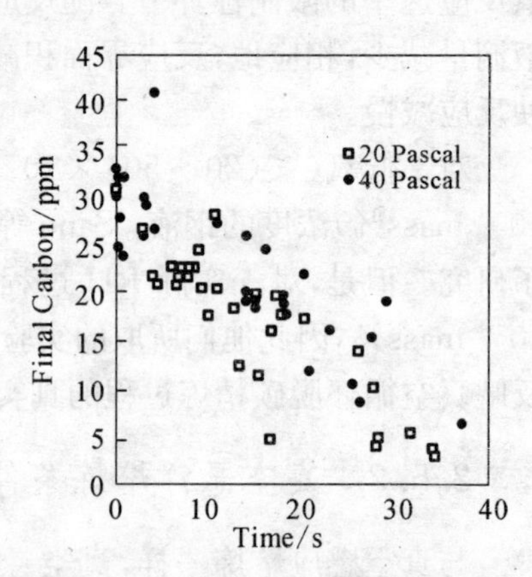

图 2.11　第4组试样脱碳数据

Tao 等[103, 104]以水冷铜坩埚进行了真空悬浮脱熔炼的脱碳实验，反应气氛为 Ar－CO(20.3 vol.%)－CO_2(0.99 vol.%)，初始碳、氧含量分别为 400×10^{-4}、520×10^{-4} mass%和 156×10^{-4}、$1\ 355\times10^{-4}$ mass%两组，实验结果示于图 2.12 和图 2.13。可以看到，钢液内碳或氧的浓度有逆化学位梯度变化的趋势，这是非常有趣的非平衡现象。实验中改变气相流速，分析碳、氧浓度变化，发现气相浓度边界层不会成为反应速率的限制性环节；分析试样各部位的成分可以确认熔体内C、O的传质也不会成为反应速率的限制性环节。由此，认为界面反应为碳-氧反应的限制性环节。根据 Jouguet 准则确定体系内独立反应数为 2，结合实际反应可能发生的情况，认为整个体系可由反应

$$CO_{(g)} = [C] + [O] \tag{2.88}$$

$$2CO_{(g)} = CO_{2(g)} + [C] \tag{2.89}$$

所确定，相应的速率方程为

$$\frac{\mathrm{d}[\mathrm{C}]}{\mathrm{d}t}=\left(\frac{1\,200A}{\rho V}\right)(k_{+1}P_{\mathrm{CO}}-k_{-1}a_{\mathrm{C}}a_{\mathrm{O}}+k_{+2}P_{\mathrm{CO}}^{2}-k_{-2}P_{\mathrm{CO_2}}a_{\mathrm{C}}) \tag{2.90}$$

$$\frac{\mathrm{d}[\mathrm{O}]}{\mathrm{d}t}=\left(\frac{1\,200A}{\rho V}\right)(k_{+1}P_{\mathrm{CO}}-k_{-1}a_{\mathrm{C}}a_{\mathrm{O}}X) \tag{2.91}$$

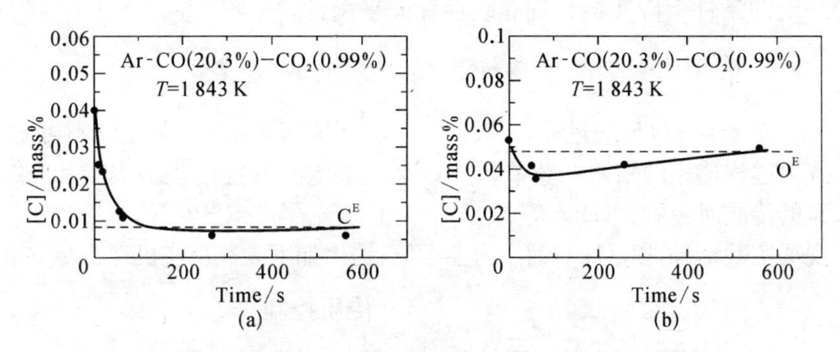

图 2.12　钢液内碳氧浓度随时间的变化($[\mathrm{C}]_0=400\times10^{-4}$ mass%)

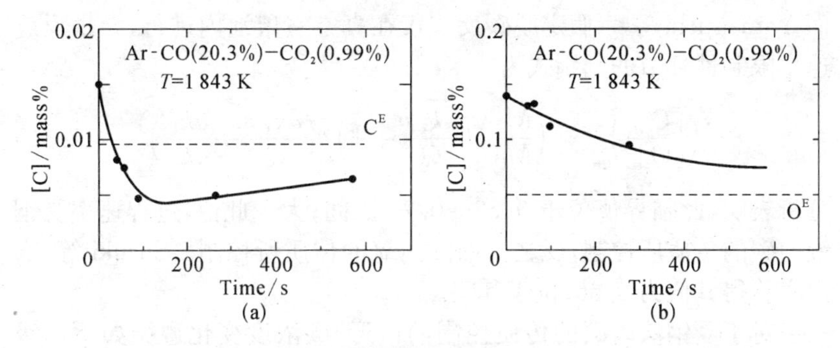

图 2.13　钢液内碳氧浓度随时间的变化($[\mathrm{C}]_0=156\times10^{-4}$ mass%)

关于超低碳范围内的碳氧反应，以上述非线性动力学模型作分析，可以再现有关悬浮熔炼 C-O 反应过程中钢液内碳或氧浓度的逆化学位梯度变化的现象。采用与上述相似的原理和方法，Susa 和 Nagata[105] 也曾成功地对有关的实验数据进行了分析。对于 RH 精炼过程而言，真空室中液滴位置的脱碳精炼情况与真空悬浮熔炼的实验条件存在一定的相似性。然而迄今为止，在炼钢温度下除脱氮或吸氮过程外，还未见其他有关界面反应成为过程速率限制性环节的报道。因此，对于该项研究的结果和分析方法，还需作进一步的研究。但是，值得再次指出的是，该项研究表明，铁液内的C－O反应在一定的条件下确实会呈现非线性和非平衡性。

2.5.3 真空循环精炼过程中钢液的脱碳

对于C－O反应过程，一般认为在实际精炼温度下界面反应不可能成为过程速率的限制性环节，C－O反应速率只可能受钢液内碳和/或氧的传质所控制。Kang等[15, 106]根据浦项光阳厂RH(← KTB, POSB)现场实验结果，以[C]/[O]作为参考值，提出如下碳氧反应机理：

$$\frac{[\mathrm{C}]}{[\mathrm{O}]}\begin{cases}\leqslant 0.75 & [\mathrm{C}]\text{传质控制}\\ = 0.75\sim 1.1 & [\mathrm{C}]\text{、}[\mathrm{O}]\text{混合传质控制}\\ \geqslant 1.1 & [\mathrm{O}]\text{传质控制}\end{cases} \tag{2.92}$$

而Yamaguchi等[93]假定脱碳反应仅在真空室熔池内进行，导出反应速率限制性环节的判别式为

$$\left(\frac{[\mathrm{C}]_L}{[\mathrm{O}]_L}\right)_{tr}=\left(\frac{M_\mathrm{C}}{M_\mathrm{O}}\right)\left(\frac{ak_\mathrm{C}\rho}{Q}+1\right)\Big/\left(\frac{ak_\mathrm{C}\rho}{Q}+\frac{ak_\mathrm{C}}{ak_\mathrm{O}}\right) \tag{2.93}$$

分析表明，此临界值位于0.52～0.75之间；大于此值，过程速率受钢液内碳的传质所控制，反之为钢液内氧的传质所控制。Suzuki等[107]由实验得其值为0.66，位于其间。

对于受钢液内碳的传质控制的情形，碳浓度变化遵循如下一级反应规律，

$$[\mathrm{C}]=[\mathrm{C}]_0\exp(-K_\mathrm{C}t) \tag{2.94}$$

Kang等[15, 106]认为表观速率常数K_C取值遵循图2.14所示的规律，转变点T_1主要取决于循环气量和设备抽气能力的相对大小。T_2随循环气量增加而线性降低，大约位于$[\mathrm{C}]<30\times10^{-4}$ mass%范围内。

区铁等[108]和 Yamaguchi 等[93]由理论推导得

$$K_C = \frac{1}{W_L(1/Q + 1/ak_C\rho_l)} \tag{2.95}$$

体积传质系数 ak_C 可由真空感应炉熔炼实验得出。Kato 等[109]假定反应部位为熔池的自由表面、坩埚壁和熔体内部的一部分，由实验得到

$$ak_C = 8.5 \times 10^{-5} a_A + 2.0 \times 10^{-5} a_s + 1.3 \times 10^{-3} a_A h \tag{2.96}$$

其中 h 代表碳氧反应所能达到的熔体深度，a_A、a_s 分别为自由表面面积和参与反应的坩埚壁面积。

为确定体积传质系数，以水和 CO_2 为介质，对 RH 脱气过程进行了冷态模拟，可以获得对碳-氧反应的定性认识[67, 110, 111]。

在真空感应炉熔炼实验中，当[C]$>5\times10^{-4}$ mass%时并没有观察到脱碳滞止现象[93]。然而由于存在耐材或真空室壁上凝钢等向钢液供碳的可能性，在实际 RH 精炼过程中确实存在脱碳滞止现象[109, 112]。

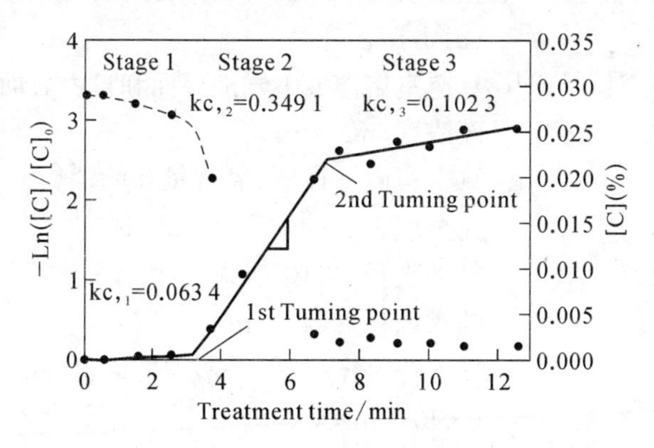

图 2.14 [C]和$-\ln([C]_t/[C]_0)$随脱碳时间的变化

本章符号说明

a　　　　反应界面面积/m^2

ak_C、ak_O	液相中碳、氧的体积传质系数/(m^3/s)
A_B	单个Ar气泡的界面积/m^2
A_u	上升管的横截面积/m^2
A_U	上升管横截面面积/m^2
A_V	真空室内有效自由表面/m^2
[C]	钢液内碳的浓度/mass%
C_{Ce}、C_{Oe}	钢液/气泡反应界面处C、O的平衡浓度/(mol/m^3)
C_d	液滴内组分的浓度/(mol/m^3)
C_{de}	与气相平衡的液滴表面组分的浓度/(mol/m^3)
C_i	钢液内i组分的浓度/(mol/m^3)
C_L、C_V、C_s	钢包、真空室和反应界面处钢液内碳的浓度/$\times10^{-4}$mass%
C_{u0}	上升管区段出口处钢液内组分的初始成分/(mol/m^3)
$[\%C]_V$、$[\%C]_i$、$[\%C]_S$	真空室熔池、Ar气泡界面和自由表面处钢液侧碳浓度/mass%
C_{VQ}、O_{VQ}	真空室内平衡碳、氧含量/mass%
ΔC	完全混合后的浓度/(mol/m^3)
d_B	气泡直径/$\times10^{-2}$m
d_n	喷嘴内径/$\times10^{-2}$m
D	插入管内径/$\times10^{-2}$m,钢液内组分的扩散系数/($\times10^{-4}$ m^2/s)
D_0	喷管内径/in
D_d	下降管内径/$\times10^{-2}$m
D_{eff}	湍流有效扩散系数系数/(m^2/s)
D_G	气泡平均几何直径/$\times10^{-2}$m
D_u	上升管内径/$\times10^{-2}$m

D_{vs}	有气泡体积和面积比确定的气泡平均直径/in.
f	整个两相区浮力的总和/N
f_b	气泡的流阻系数
$f_{C\text{-}V}$	全浮力区控制体所受的浮力/N
f_{CV}、f_{OV}	真空室熔池内 C、O 的活度系数
f_u	上升管对钢液流动的摩擦系数
F	真空室熔池位置的有效反应界面面积/m^2
Fe_s	渣中 Fe 含量相对于处理钢液量的质量百分数/mass%
F_{O_2}	氧气的体积流量/(Nm^3/s)
Fr	Froude 数
g	重力加速度/(m/s^2)
G	Ar 气的体积流量/(m^3/s)
G_i	越过界面自液相转入气相 i 组分摩尔流率/($mol/m^2 \cdot s$)
h	吹 Ar 提升高度/m
H	吹入气体深度/m
H_{melt}	喷嘴到真空室表面的距离/m
j_i	气液界面从钢液析出的 i 组分速率/(mol/s)
k_{CO}	C－O 反应速率常数/(m/s)
k_G	气相中 CO 的传质系数/(m/s)
k_i	C－O 反应过程中钢液侧 i 组分的扩散系数/($\times 10^{-2}$ m/s)
$k_{L,B}$	Ar 气泡/钢液界面处钢液侧 C 的传质系数/(m/s)
$k_{L,s}$	自由表面脱碳过程中钢液侧 C 的传质系数/(m/s)
K_C	碳氧反应的表观速率常数/s^{-1}
K_{CO}	C－O 反应平衡常数

K_{CV}	C-O反应表观平衡常数的导数/(mass%$^{-2}$/bar)
K_V	CO气泡脱碳的有效体积传质系数/(mass%/Pa·s)
M_C、M_O、M_{Fe}	碳、氧、铁的摩尔质量/(×10^{-3}kg/mol)
M_i	i 组分的摩尔质量/(×10^{-3}kg/mol)
n	RRS分布函数的参变数
n_{CO}	气泡 CO 中的摩尔数/mol
n_i	气泡中 i 组分的摩尔数/mol
N	单位体积内的气泡数/m^{-3}
N_d	生成的液滴总数
N_{Re}	气体出口 Reynolds 数
O_L、O_V、O_s	钢包、真空室和反应界面处钢液的氧浓度/×10^{-4}mass%
O_{LQ}	钢包内平衡氧含量/mass%
P_0	标态压力/Pa
P_1、P_2	气体吹入点和真空室内的压力/Pa
P_{CO}^*	气相中 CO 的分压/Pa
$P_{CO,B}$	气泡中 CO 的分压/Pa
$P_{CO,e}$	CO 平衡分压/Pa
$P_{CO,i}$	气泡界面处 CO 的分压/Pa
$P_{CO,s}$	真空室气泡内 CO 的分压/Pa
$P_{CO,V}$	真空室内 CO 的分压/Pa
P_g	气泡内的总压力/Pa
P_i	气泡内各组分的分压/Pa
P_l	上升管内钢液的压力/Pa
P_V	真空室内的压力/Pa
P_σ	表面张力引起的附加压力/Pa
q	流经喷嘴的气体的体积平均流量/(×10^{-6} m^3/s)

Δq_{id}、Δq_{iu}、Δq_{iv}　Δq_{it}	液滴群、上升管、真空室和单个循环的总精炼量/(mol/s)
Q	钢液的体积环流量/(L/min)
Q_{Ar}、Q_{CO}、Q_{H}、Q_{N}	Ar、CO、H_2、N_2 的体积流量/(m^3/s)
Q_{CO-CO_2}	标态下 CO－CO_2 体积流量/(Nm^3/h)
Q_F	标态下的漏气率/(Nm^3/h)
Q_g	提升气体体积流量/(NL/min)
Q_m	气液两相区滞留的气体体积/m^3
r	气泡平均半径　径向坐标/m
R	气体常数/(J/mol·K)
R_0	喷嘴几何半径/$\times 10^{-2}$m
R_d	液滴半径/m
Re	Reynolds 准数
$S_p{}'$	第一个周期内曲线所包含的面积量/(mol·min/m^3)
S_P	真空系统的抽速/(m^3/h)
t	时间/s
t_{melt}	气体的停留时间/s
T	钢液温度/K
T_{CV}	C－O 反应时间常数/s
T_{OL}	(FeO)还原的时间常数/s
T_{PV}	抽气延迟时间/s
u_d	下降管内钢液流速/(m/s)
u_g	气泡速度/(m/s)
u_l	上升管内钢液的速度/(m/s)
u_{melt}	钢液的流速/(m/s)
u_r	气泡的滑移速率/(m/s)
u_{slip}	气体的滑移速率/(m/s)
U_l	上升管内钢液流速/(m/s)

U_U	上升管内液体流速/(m/s)
v	气泡体积/$\times10^{-6}$ m^3
V	钢液体积/m^3
V_{CV}	单个控制体的体积/m^3
V_D	CO-CO_2 体积流量的转换系数/(m^3/mass%)
V_g	气体体积流量/($\times10^{-6}$ m^3/s)
V_j	气液两相区的体积/m^3
V_{tot}	浮力所作用的控制体总体积/m^3
V_V	真空室熔池的体积/m^3
w	真空室内钢液质量/kg
W	液体的总质量/kg
W_L	钢包内液体量/kg
z	纵向坐标/m
α	气液两相区的含气率
α'	气液两相区的平均含气率
β	顶吹氧气在钢液中的吸收效率
γ	气体的膨胀比 γ
λ	与 i 组分有关的反应的定比系数
ε	搅拌能密度/(W/t)
μ	钢液的动力学黏度/(kg/m·s)
ρ	流体密度/(kg/m^3)
ρ_l、ρ_g	钢液和气体的密度/(kg/m^3)
σ	钢液的表面张力/(N/m)
τ	钢液循环周期/min
τ_m	混合时间/s
Φ	脱碳反应源项
Ω	摩尔平衡常数

第三章 非平衡态热力学

3.1 非平衡态热力学的发展历程

作为宏观物理学的一部分，热力学具有极大的普适性。在经历了经典热力学、经典非平衡态热力学、理性热力学和广义的非平衡态热力学后，热力学不仅在物理、化学、生物学、各工程科学中得以应用，甚至其概念和方法已被拓展到宇宙学和社会科学中。

经典热力学从宏观的角度出发，假定所研究的对象处于平衡状态，所处理的过程无限缓慢，成功地解释了复杂体系趋于平衡和趋于无序的行为。但是，对于生物有序、天空中云层形成的云街、岩石中规则花纹、流体力学中的 Benard 花纹及化学振荡、浓度花纹和化学波等自组织现象的解释，经典热力学无能为力。同时，对于非平衡过程和体系，经典热力学只能提供一组描述变化方向的不等式，而对实际过程的定量描述必需等式才能得以实现。因此，必须将热力学的概念和方法延伸到非平衡过程和体系的情况，以便结合动力学的方法定量地描述和研究实际过程和体系。

关于非平衡态热力学，可以追溯到一百多年前 Thomson 对热电现象的研究[113, 114]。但在其后很长一段时间内，非平衡态热力学的研究对象仅局限于体系接近平衡态的情况，即基于体系状态变量的局域平衡假设和过程热力学力和流间的线性本构关系的线性非平衡态热力学研究。其开创性的成果为 Onsager 于 1931 年提出的 Onsager 倒易关系[115, 116]和 Prigoginge 于 1945 年提出的最小熵产生原理[117]。之后，他们和 Eckart [118-120]，Meixner [121]等一起创立和完善了线性非平衡态热力学理论。这一理论现已被广泛应用于物理学，生物学，化学和工程科学。但对于前面提及的形成耗散结构自组织现象等，线性非平衡态热力学仍然无法解释。人们已经认识到耗散结构的形成和维持不仅需要远离平衡的热力学因素，还涉及体系动力学方面的非线性反馈，需要能量的耗散。可以说 Prigogine 的耗散结构理论[122]，Haken 的协同论[123]、Tom 的突变论[124]等代表了 20 世纪 80 年代前人们对非平衡非线性现象研究的标志性成果。他们主要思路都是从稳定性分析入手，通过非线性动力学分析和对涨落的研究来弄清有序现象的宏观行为和微观起源。这是经典非平衡态热力学的研究范畴。

基于等存在原理、遗传原理、局域作用原理和物质结构不变性原理及一些基本假设，理性热力学的主要目的是提供一种推导本构方程的方法[125]。但是该理论的最大缺陷是没有能定义用于描述体系行为的基本物理量，整个理论的物理意义并不明确。

长期以来，人们对热力学的研究主要从两方面着手，一是从宏观方面进行唯象关系的研究，另一方面是从微观出发，以涨落理论为基础进行原理性的探索。二者相互补充，互为支撑。研究实践表明，就分子尺度的情形而言，在创立求解 Boltzman 方程的修正矩法（把 Maxwell 和 Grad 的常规矩法中的分布函数表示为某个指数函数来表示过程的非线性）之前，通过对近平衡处，即非平衡态的线性区，所采用的方法（主要有 Hilbert 法、Chapman-Enskg 法和 Maxwell-Grad 动量法）来建立非线性不可逆过程理论是不可能的。

自 20 世纪 70 年代后期起，以 Jou 等[125]和 Eu[126, 127]等为代表的一些研究者，在平衡态热力学中温度、压力等物理量的基础上，引入不可逆过程的流和非平衡熵作为描述非平衡态热力学体系的基本物理量，基于热力学第二定律，拓展了与平衡态热力学相对应的一系列热力学函数、关系式和不可逆过程流与力间的本构关系，建立了广义的非平衡态热力学，并以分子的尺度进行了理论的推导和验证，从而使线性和非线性非平衡态热力学得以统一。尽管由于问题的复杂性，对实际非线性非平衡态过程的分析还需根据具体情况作个案处理,但使对非线性非平衡态过程进行热力学的定量描述成为可能。

3.2 基本方程

根据非平衡态热力学的观点,伴随着本质上不可逆的各种传输过程和化学反应的进行,体系不可避免地会发生能量的耗散并使其熵增加。这种能量耗散,其程度可由一定的熵产生,熵产生随时间的变化率和补偿(微分)函数(非平衡熵)所表征,受热力学第一和第二定律的限制。设所研究的体系包含 r 个组分,其间存在 l 个化学反应,且受外部体积力作用,体系内发生质量、动量和能量的传递过程。

3.2.1 控制方程

由连续介质理论和守恒变量的衡算方程,可得流体的连续性方程、动量、组分 a 的质量和能量衡算方程如下:

连续性方程

$$\frac{\partial \rho}{\partial t}=-\nabla \cdot \rho \vec{u} \tag{3.1}$$

动量衡算方程

$$\rho \frac{\mathrm{d} \vec{u}}{\mathrm{d} t}=-\nabla \cdot \vec{P}+\rho \vec{F} \tag{3.2}$$

组分质量衡算方程

$$\frac{\partial \rho_a}{\partial t}=-\nabla \cdot (\rho_a \vec{u}+\vec{J}_a)+\Lambda_a^c \text{ 或}$$

$$\left(\rho \frac{\mathrm{d} c_a}{\mathrm{d} t}=-\nabla \cdot \vec{J}_a+\Lambda_a^c\right) \tag{3.3}$$

能量衡算方程

$$\rho \frac{\mathrm{d} \varepsilon}{\mathrm{d} t}=-\nabla \cdot \vec{Q}-\vec{P} : \nabla \vec{u}+\sum_{a=1}^{r} \vec{J}_a \cdot \vec{F}_a \tag{3.4}$$

3.2.2 本构关系

方程(3.1)～(3.4)中，各守恒量的一阶流 $\vec{J}_a$、$\vec{Q}$ 和 $\vec{P}$ 必须以守恒量 ρ、c_a、$\vec{u}$、ε 和其他表征材料特性的参数来表达。根据广义 Boltzmann 方程，可得流 $\hat{\Phi}_a^{(\alpha)}$ 的如下演化方程(不可逆过程流和力间的本构关系)：

$$\rho \frac{\mathrm{d}}{\mathrm{d}t} \hat{\Phi}_a^{(\alpha)} = Z_a^{(\alpha)} + \Lambda_a^{(\alpha)} \tag{3.5}$$

其中 $Z_a^{(\alpha)}$ 为包含驱动流 $\hat{\Phi}_a^{(\alpha)}$ 的热力学力和附加的非线性的运动学项，如表 3.1 所示。主要的流的变量组如下

$$\Phi_a^{(1)} = \vec{\Pi}_a, \Phi_a^{(2)} = \Delta_a, \Phi_a^{(3)} = \vec{Q}_a - \hat{h}_a \vec{J}_a = \vec{Q}_a{}',$$

$$\Phi_a^{(4)} = \vec{J}_a, \text{且} \vec{\Pi} = \sum_{a=1}^{r} \vec{\Pi}_a, \Delta = \sum_{a=1}^{r} \Delta_a$$

表 3.1 固定坐标系下的 $Z_a^{(\alpha)}$[126, 127](＊＊)

α	$Z_\alpha^{(\alpha)}$
1	$Z_a^{(1)} = -\nabla \cdot \psi_a^{(1)} - 2[\mathrm{d}_t \vec{u} \vec{J}_a]^{(2)} - 2[\vec{P}_a \cdot \nabla \vec{u}]^{(2)} + [\vec{V}_a^{(2)}]^{(2)} +$ $2[(\vec{F}_a - \vec{F}) \vec{J}_a]^{(2)}$
2	$Z_a^{(1)} = -\nabla \cdot \psi_a^{(2)} - \frac{2}{3} \mathrm{d}_t \vec{u} \cdot \vec{J}_a - \frac{2}{3} (\vec{P}_a - p_a \vec{U}) : \nabla \vec{u} + \frac{1}{3} \vec{V}_a^{(2)} :$ $\vec{U} - p_a \mathrm{d}_t \ln(p_a v^{\frac{5}{3}}) - \nabla \cdot (\vec{J}_a p_a v_a) + \frac{2}{3} (\vec{F}_a - \vec{F}) \cdot \vec{J}_a$
3	$Z_a^{(3)} = -\nabla \cdot \psi_a^{(3)} - \mathrm{d}_t \vec{U} \cdot (\vec{P}_a - p_a \vec{U}) - Q'_a \cdot \nabla \vec{u} - \varphi_a^{(3)} : \nabla \vec{u}$ $-\vec{J}_a \left(\frac{\mathrm{d}_t}{\widehat{h}_a} \right) - \vec{P}_a \cdot \nabla \widehat{h}_a + V_a^{(3)} + (\vec{F}_a - \vec{F}) \cdot (\vec{P}_a - p_a \vec{U})$
4	$Z_a^{(4)} = -\nabla \cdot (\vec{P}_a - c_a \vec{P}) - \vec{P} \cdot \nabla c_a - \vec{J} \cdot \nabla \vec{u} + V_a^{(4)} + \rho_a (\vec{F}_a - \vec{F})$

(＊＊)其中 ψ_a^α、$\varphi_a^{(3)}$ 和 $V_a^{(\alpha)}$ 为高阶流。

3.2.3 熵的衡算方程和熵产生

根据热力学第二定律，关于熵的衡算方程(忽略高阶流)可表示为

$$\frac{\partial}{\partial t}\rho\varphi = -\nabla \cdot [(\vec{Q} - \sum_{a=1}^{r} \hat{\mu}_a \vec{J}_a)/T + \rho\varphi\vec{u}] + \sigma_{ent} \tag{3.6}$$

流的演化方程组(3.5)中的耗散项 $\Lambda_a^{(\alpha)}$ 与熵产生有极为密切的联系。根据动力学理论，可取熵产生 σ_{ent} 为

$$\sigma_{ent} = T^{-1}\sum_{a=1}^{r}\sum_{\alpha\geqslant 1} X_a^{\alpha} \otimes \Lambda_a^{\alpha} - T^{-1}\sum_{a}\hat{\mu}_a\Lambda_a^{c} \geqslant 0 \tag{3.7}$$

其中“$\geqslant$”为热力学第二定律所要求，“$\otimes$”表示张量的标量积，化学反应对熵产生的贡献可表示成各反应贡献的累加形式

$$\sum_{a}\hat{\mu}_a\Lambda_a^{c} = \sum_{l} A_l\Lambda_l^{0} \tag{3.8}$$

式(3.7)表明熵产生为体系内由于分子碰撞和化学反应所产生能量耗散的直接测度，反过来也提供了非守恒宏观流的耗散演化。

方程(3.1)～(3.7)构成了非平衡态热力学的基本方程组。特别地，(3.1)～(3.5)称为广义流体力学方程组，在一定的定解条件下提供了对非平衡体系的时空描述，而对处于热力学稳定态的体系，方程(3.6)、(3.7)则表达了关于本构方程(3.5)中对 $\Lambda_a^{(\alpha)}$、$Z_a^{(\alpha)}$ 的热力学限制。当本构方程(3.5)由线性非平衡态热力学的流和力关系(如Newton黏性定律、Fourier导热定律和Fick扩散定律等等)所取代时，守恒方程(3.1)～(3.4)即可转化为经典的流体力学方程。

3.3 本构方程的封闭和简化

3.3.1 本构方程的封闭

为使形如式(3.5)的本构方程能予求解，必须对其运动学项和耗

散项进行显化。对于耗散项 $\Lambda_a^{(\alpha)}$，在保证熵产生 σ_{ent} 满足式(3.7)的条件下，基于修正矩法求解广义 Boltzmann 方程并取熵产生的一阶累加近似(忽略熵产生累加形式中的二次及其以上项)，可得

$$\Lambda_a^{(\alpha)} = (k_B T/g')\sum_{b=1}^{r}\sum_{\gamma\geqslant 1}\mathcal{R}_{ab}^{(\alpha\gamma)}X_b^{(\gamma)}(\sinh\kappa/\kappa) \tag{3.9}$$

$$\Lambda_l^0 = -\frac{1}{2}(\beta g')^{-1}k_{fl}\beta A_l q_e \tag{3.10}$$

若忽略化学反应的贡献，则按碰撞积分给出的张量系数 $\mathcal{R}_{ab}^{(\alpha\beta)}$ 可以用等熵张量和标量碰撞积分 $R_{ab}^{(\alpha\beta)}$ 的形式表示。与之相应，Rayleigh-Onsager 耗散函数 κ^2、非线性因子 $q_{e(\kappa)}$ 和熵产生 σ_{ent} 分别为

$$\kappa = [\sum_{\alpha,\beta\geqslant 1a,}\sum_{b=1}^{r}X_a^{(\alpha)}\otimes R_{ab}^{(\alpha\beta)}\otimes X_b^{(\beta)} - \sum_{l}\frac{1}{q_e(\kappa)}\beta g' A_l\Lambda_l^0]^{1/2} \tag{3.11a}$$

$$q_e(k) = \sinh\kappa/\kappa \tag{3.11b}$$

$$\sigma_{ent} = k_B g'^{-1}\cdot\kappa^2 q_e(\kappa) \tag{3.12}$$

参数 β, g'分别取值

$$\beta = \frac{1}{k_B T} \tag{3.13}$$

$$g' = \frac{\left(\frac{m_r}{2k_B T}\right)^{\frac{1}{2}}}{n^2 \mathrm{d}^2} \tag{3.14}$$

特别地，宏观变量的唯象函数 $X_i^{(\alpha)}$ 可由扰动法求得其最低阶近似解为

$$X_a^{(1)} = -g_a^{(1)}\vec{\Pi}_a \qquad X_a^{(2)} = -g_a^{(2)}\Delta_a$$

$$X_a^{(3)} = -g_a^{(3)}\vec{Q}'_a \qquad X_a^{(4)} = -g_a^{(4)}\vec{J}_a \tag{3.15}$$

其中 $g_a^{(1)} = \dfrac{1}{2p_a}$ $g_a^{(2)} = \dfrac{3}{2p_a}$ $g_a^{(3)} = \dfrac{1}{T\hat{C}_{pa}p_a}$ $g_a^{(4)} = \dfrac{1}{\rho_a}$。实验表明，式(3.15)能满足绝大多数非线性传输现象。

尽管作了一阶累加近似，式(3.9)和(3.10)表明，熵产生仍然具有高度的非线性。大量研究表明[126]，应用该理论能够圆满解释有关非线性非平衡体系的实验结果。

截断流 $\Phi_a^{(\alpha)}$ 的方程组使其封闭(使该方程组仅包含可直接测量的物理量)，即运动学项中除守恒量 ρ、$\vec{u}$ 和 ε 及流 $\Phi_a^{(\alpha)}$，$\alpha=1, 2, 3, 4$ 外，其他的矩(包含一阶流的流等)都从动力学方程导出的宏观方程中删去。这样流的演化方程可表示如下：

$$\rho \frac{\mathrm{d}\hat{\vec{\Pi}}_a}{\mathrm{d}t} = -2[\mathrm{d}_t \vec{u}\,\vec{J}_a]^{(2)} - 2[\vec{P}_a \cdot \nabla \vec{u}]^{(2)} + 2[(\vec{F}_a - \vec{F})\,\vec{J}_a]^{(2)} + (\beta g)^{-1} \sum_{\gamma \geqslant 1} \sum_{b=1}^{r} \mathcal{R}_{ab}^{(1\gamma)} \otimes X_b^{(\gamma)} q_e \tag{3.16}$$

$$\rho \frac{\mathrm{d}\hat{\Delta}_a}{\mathrm{d}t} = -\frac{2}{3}\mathrm{d}_t \vec{u} \cdot \vec{J}_a - \frac{2}{3}\vec{\Pi}_a : \nabla \vec{u} - \frac{2}{3}\Delta_a \nabla \cdot \vec{u} - p_a \frac{\mathrm{d}}{\mathrm{d}t}\ln(p_a v^{\frac{5}{3}}) - \nabla \cdot (\vec{J}_a p_a v_a) + \frac{2}{3}(\vec{F}_a - \vec{F}) \cdot \vec{J}_a + (\beta g)^{-1} \sum_{\gamma \geqslant 1} \sum_{b=1}^{r} \mathcal{R}_{ab}^{2\gamma} \otimes X_b^{(\gamma)} q_e \tag{3.17}$$

$$\rho \frac{\mathrm{d}\hat{\vec{Q}}'_a}{\mathrm{d}t} = -\mathrm{d}_t \vec{u} \cdot (\vec{P}_a - p_a \vec{U}) - \vec{Q}'_a \cdot \nabla \vec{u} - \vec{J}_a \mathrm{d}_t \hat{h}_a - \vec{P}_a \cdot \nabla \hat{h}_a + (\vec{F}_a - \vec{F}) \cdot (\vec{P}_a - p_a \vec{U}) + (\beta g)^{-1} \sum_{\gamma} \sum_{b=1}^{r} \mathcal{R}_{ab}^{(3\gamma)} \otimes X_b^{(\gamma)} q_e \tag{3.18}$$

$$\rho \frac{\mathrm{d}\hat{\vec{J}}_a}{\mathrm{d}t} = -\nabla\cdot(\vec{P}_a - c_a\vec{P}) - \vec{P}\cdot\nabla c_a - J_a\cdot\nabla\vec{u} +$$

$$\rho_a(\vec{F}_a - \vec{F}) + V_a^{(4)} + (\beta g)^{-1}\sum_{\gamma\geqslant 1}\sum_{b=1}^{r}\mathcal{R}_{ab}^{4\gamma}\otimes X_b^{\gamma}q_e \quad (3.19)$$

由于材料特性的信息包含在耗散项和驱动力项中,因此流的演化方程是物质的本征方程。

3.3.2 本构方程的简化

实际使用时,方程(3.16)～(3.19)仍然过于复杂,必须予以简化。为此,定义如下标量碰撞积分:

$$L_{ab}^{(\alpha\gamma)} = (\beta g)^{-1} g_a^{(\alpha)} R_{ab}^{(\alpha\gamma)} g_b^{(\gamma)},(\text{除}\ \alpha,\gamma = 3,4\ \text{外}\ \alpha = \gamma),$$

并取热力学力的形式为

$$\chi_a^{(1)} = \chi^{(1)} = -[\nabla\vec{u}]^{(2)}$$
$$= -\frac{1}{2}[\nabla\vec{u} + (\nabla\vec{u})^t] + \frac{1}{3}\vec{U}Tr(\nabla\cdot\vec{u}) \quad (3.20a)$$

$$\chi_a^{(2)} = \chi^{(2)} = -\nabla\cdot\vec{u} \quad (3.20b)$$

$$\chi_a^{(3)} = \chi^{(3)} = -\nabla\ln T \quad (3.20c)$$

$$\chi_a^{(4)} = -\nabla_T\hat{\mu}_a + v\nabla p \quad (3.20d)$$

经变换,显化热力学驱动力,同时利用上述 $X_a^{(\alpha)}$ 的解(式(3.15)),方程(3.16)—(3.19)可取如下形式

$$\rho\frac{\mathrm{d}\hat{\vec{\Pi}}_a}{\mathrm{d}t} = 2p_a\chi^{(1)} - \{2[\mathrm{d}_t\vec{u}\,\vec{J}_a]^{(a)} + 2[\vec{\Pi}_a\cdot\nabla\vec{u}]^{(2)} +$$

$$2\Delta_a[\nabla\vec{u}]^{(2)}\} - (1/g_a^{(1)})\sum_{b=1}^{r}L_{ab}^{(11)}\vec{\Pi}_b q_e \quad (3.21)$$

$$\rho\frac{\mathrm{d}\hat{\Delta}_a}{\mathrm{d}t} = -p_a\frac{\mathrm{d}}{\mathrm{d}t}\ln(p_a v^{5/3}) - \left\{\frac{2}{3}\mathrm{d}_t\vec{u} - \vec{J}_a +\right.$$

$$\frac{2}{3}\vec{\Pi}_a : \nabla\vec{u} + \frac{2}{3}\Delta_a \nabla\cdot\vec{u} + \nabla\cdot(\vec{J}_a p_a v_a)\Big\} - (1/g_a^{(2)})\sum_{b=1}^{r} L_{ab}^{(22)}\Delta_b q_e \tag{3.22}$$

$$\rho\frac{\mathrm{d}\hat{\vec{Q}}'_a}{\mathrm{d}t} = p_a T\hat{C}_{p_a}\chi^{(3)} - \{\mathrm{d}_t\vec{u}\cdot(\vec{P}_a - p_a\vec{U}) + \vec{Q}'_a\cdot\nabla\vec{u} + \vec{J}_a\mathrm{d}_t\hat{h}_a + (\vec{P}_a - p_a\vec{U})\cdot\nabla\hat{h}_a\} - (1/g_a^{(3)})\sum_{b=1}^{r}[L_{ab}^{33}\vec{Q}'_b + L_{ab}^{34}\vec{J}_b]q_e \tag{3.23}$$

$$\rho\frac{\mathrm{d}\hat{J}_a}{\mathrm{d}t} = \rho_a\chi_a^{(4)} - \{\nabla\cdot(\vec{P}_a - c_a\vec{P}) + \vec{J}_a\cdot\nabla\vec{u} + (\vec{P}_a - p_a\vec{U})\cdot\nabla c_a - V_a^{(4)}\} - (1/g_a^{(4)})\sum_{b=1}^{r}[L_{ab}^{(44)}\vec{J}_b + L_{ab}^{(43)}\vec{Q}'_b]q_e \tag{3.24}$$

对于实际工程应用，大多数情况下可略去花括号中的项（即运动学项中的非线性部分），但方程中的非线性系数 $q_e(\kappa)$ 反映了与实际问题紧密联系的非线性传输特性，须予保留，由此有

$$\rho\frac{\mathrm{d}\hat{\vec{\Pi}}_a}{\mathrm{d}t} = 2p_a\chi^{(1)} - (1/g_a^{(1)})\sum_{b=1}^{r} L_{ab}^{(11)}\vec{\Pi}_b q_e \tag{3.25}$$

$$\rho\frac{\mathrm{d}\hat{\Delta}_a}{\mathrm{d}t} = -p_a\frac{\mathrm{d}}{\mathrm{d}t}\ln(p_a v^{5/3}) - (1/g_a^{(2)})\sum_{b=1}^{r} L_{ab}^{(22)}\Delta_b q_e \tag{3.26}$$

$$\rho\frac{\mathrm{d}\hat{\vec{Q}}'_a}{\mathrm{d}t} = p_a T\hat{C}_{p_a}\chi^{(3)} - (1/g_a^{(3)})\sum_{b=1}^{r}[L_{ab}^{33}\vec{Q}'_b + L_{ab}^{34}\vec{J}_b]q_e \tag{3.27}$$

$$\rho \frac{\mathrm{d}\hat{\vec{J}}_a}{\mathrm{d}t} = \rho_a \chi_a^{(4)} - (1/g_a^{(4)}) \sum_{b=1}^{r} [L_{ab}^{(44)} \vec{J}_b + L_{ab}^{(43)} \vec{Q}'_b] q_e \tag{3.28}$$

定义传输系数

$$\begin{aligned} \eta_{ab} &= \frac{1}{2L_{ab}^{(11)}} \qquad \xi_{ab} = \frac{5}{2L_{ab}^{(22)}} \\ \lambda_{ab} &= \frac{1}{L_{ab}^{(23)}} \qquad D_{ab} = \frac{1}{L_{ab}^{(44)}} \\ K_{ab}^{QJ} &= \frac{1}{L_{ab}^{(34)}} \qquad K_{ab}^{(JQ)} = \frac{1}{L_{ab}^{(43)}} \end{aligned} \tag{3.29}$$

稳态时,应用绝热近似*,忽略流的时间梯度,得如下准线性方程:

$$\sum_{b=1}^{r} \frac{\vec{\Pi}_b}{\eta_{ab}} = \frac{2\chi^{(1)}}{q_e(\vec{\Pi}_a, \Delta_a, \vec{Q}'_a, \vec{J}_a, \cdots)} \tag{3.30}$$

$$\sum_{b=1}^{r} \frac{\Delta_b}{\xi_{ab}} = \frac{\chi^{(2)}}{q_e(\vec{\Pi}_a, \Delta_a, \vec{Q}'_a, \vec{J}_a, \cdots)} \tag{3.31}$$

$$\sum_{b=1}^{r} \left[\frac{\vec{Q}'_b}{\lambda_{ab}} + \frac{\vec{J}_b}{\kappa_{ab}^{(QJ)}}\right] = \frac{\chi^{(3)}}{q_e(\vec{\Pi}_a, \Delta_a, \vec{Q}'_a, \vec{J}_a, \cdots)} \tag{3.32}$$

$$\sum_{b=1}^{r} \left[\frac{\vec{Q}_b{}'}{\kappa_{ab}^{JQ}} + \frac{\vec{J}_b}{D_{ab}}\right] = \frac{\chi_a^{(4)}}{q_e(\vec{\Pi}_a, \Delta_a, \vec{Q}_a{}', \vec{J}_a, \cdots)} \tag{3.33}$$

同时, $X_r^{(4)} = -\sum_{a=1}^{r-1} \frac{\rho_a X_a^{(4)}}{\rho_r}$。

---

* 一般地,守恒 Gibbs 变量(ρ、$\vec{u}$、c_a、ε)比非守恒 Gibbs 变量($\Phi_a^{(\alpha)}$)变化慢得多,前者时间变化尺度大约为 10^{-4}s, 后者为 10^{-9}s[126-128]. 这样,非守恒 Gibbs 变量比守恒 Gibbs 变量更快达到稳态,因而流的演化方程可以取其稳态形式;由于守恒变量在各流变量时间变化尺度上几乎不变,可以认为本构方程中的守恒变量是不变的,本构方程可以独立于守恒变量的衡算方程求解。这就是所谓的绝热近似。

对单组分体系，剪切流的演化方程为

$$\rho \frac{\mathrm{d}\hat{\vec{\Pi}}}{\mathrm{d}t} = 2p\vec{\gamma} + 2[\hat{\vec{\Pi}} \cdot \vec{\gamma}]^{(2)} - [\omega, \hat{\vec{\Pi}}]^{(2)} - \frac{2}{3}\vec{\Pi}\nabla \cdot \vec{u} - \left(\frac{p}{\eta_0}\right)\vec{\Pi} q_e(\kappa) \tag{3.34}$$

同上，有

$$2p\vec{\gamma} = \frac{p}{\eta_0}\vec{\Pi} q_e(\kappa) \text{ 或 } 2\eta_0 \vec{\gamma} = \vec{\Pi} q_e(\kappa) \tag{3.35}$$

其中

$$\kappa^2 = \left(\frac{\tau_p}{2\eta_0}\right)^2 \vec{\Pi} : \vec{\Pi} + \left(\frac{\tau_q}{\lambda_0}\right)^2 \vec{Q} \cdot \vec{Q} - \sum_l \frac{1}{2q_e(\kappa)} \beta g' A_l \Lambda_l^0 \tag{3.36}$$

热流的演化方程为

$$\rho \frac{\mathrm{d}\hat{\vec{Q}}}{\mathrm{d}t} = -\hat{C}_p T_p \nabla \ln T - \vec{\Pi} : \nabla \hat{h} + (\nabla \cdot \vec{P}) \cdot \hat{\vec{\Pi}} + \hat{\vec{Q}} \cdot (\vec{\gamma} - \frac{1}{3}\vec{U}\nabla \cdot \vec{u}) - [\vec{\omega} \cdot \vec{Q}] - \left(\frac{\hat{C}_p T_p}{\lambda_0}\right)\vec{Q} q_e(\kappa) \tag{3.37}$$

$$\hat{C}_p T_p \nabla \ln T = \frac{\hat{C}_p T_p}{\lambda_0}\vec{Q} q_e(\kappa)\text{，即 } \lambda_0 \nabla \ln T = \vec{Q} q_e(\kappa) \tag{3.38}$$

对多组分体系，整体剪切流可取上述单组分的情况，即式(3.35)，但参数κ的取值必须考虑不同组分剪切流之间和剪切流与热流间的耗散作用，为

$$\kappa^2 = \left(\frac{\tau_p}{2\eta_0}\right)^2 \vec{\Pi} : \vec{\Pi} + \left(\frac{\tau_q}{\lambda_0}\right)^2 \vec{Q} \cdot \vec{Q} + \sum_{a=1}^{r} \frac{\tau_q}{\lambda_0} \frac{\tau_J}{D_{ba}} \vec{Q} \cdot \vec{J}_a + \sum_{a=1}^{r} \frac{\tau_J}{D_{ba}} \frac{\tau_q}{\lambda_0} \vec{J}_a \cdot \vec{Q} + \sum_{a=1}^{r} \sum_{b=1}^{r} \frac{\tau_J}{D_{ba}} \frac{\tau_J}{D_{ab}} \vec{J}_a \cdot \vec{J}_b - \sum_{l} \frac{1}{q_e(\kappa)} \beta g' A_l \Lambda_l^0 \tag{3.39}$$

3.4 线性非平衡态热力学

在平衡态附近，反映热力学流和力之间关系的本构方程为线性的（典型的如 Fick 扩散定律，Newton 黏性定律，Fourier 导热定律和 Ohm 定律等），同时唯象系数具有时间对称性和空间对称性。在线性区，非平衡态热力学的这些特性非但使本构关系得以简化，而且它所涉及的变量和参数的个数也大为减少。

3.4.1 本构方程

一般情况下，一种非平衡过程的流不仅决定于该过程的驱动力，还可以受其他非平衡过程力的影响，即不同的非平衡不可逆过程之间存在耦合，一种流可以是各种力的函数，在平衡态附近将此函数展开，可得

$$\phi_i^{(\alpha)}(\{\chi_j^{(\beta)}\}) = \phi_i^{(\alpha)}(\{\chi_{j,0}^{(\beta)}\}) + \sum_{\beta,j} \left(\frac{\partial \phi_i^{(\alpha)}}{\partial \chi_j^{(\beta)}}\right)_0 \chi_j^{(\beta)} + \frac{1}{2} \sum_{\beta,\theta} \left(\frac{\partial^2 J_k}{\partial \chi_j^{(\beta)} \partial \chi_j^{(\theta)}}\right)_0 \chi_j^{(\beta)} \chi_j^{(\theta)} + \cdots \tag{3.40}$$

考虑到 $\phi_i^{(\alpha)}(\{\chi_{j,0}^{(\beta)}\}) = 0$，且近平衡时所有的力都很弱，从而得线性唯象关系

$$\phi_i^{(\alpha)} = \sum_j \sum_\beta l_{ij}^{(\alpha\beta)} \chi_j^{(\beta)} \tag{3.41}$$

其中唯象系数 $l_{ij}^{(\alpha\beta)}=\left(\frac{\partial\phi_i^{(\alpha)}}{\partial\chi_j^{(\beta)}}\right)_0$ 可能与体系的内在特性如 T、P 及 n_i 等有关，但与它们的变化速率无关，反映了各种不可逆过程间的耦合效应。

需要说明的是，在近平衡区，非线性因子 $q_e(\kappa)=1$。如果体系满足绝热近似，由本构方程式(3. 30)～(3. 33)同样可得形如式(3. 41)所示的流和力间的线性本构关系。另外，由 3. 5 节中补偿函数的定义式(3. 46)和(3. 47)可见，此时，描述局域平衡的 Gibbs 关系式自然成立

$$Td\varphi=d\varepsilon+pdv-\sum_i\hat{\mu}_i dc_i \tag{3.42}$$

熵产生可由下式表示

$$\sigma_{ent}=T^{-1}\sum_{\alpha,\beta}\sum_{i,j}\phi_i^{(\alpha)}\mathcal{R}_{ij}^{(\alpha\beta)}\phi_j^{(\beta)} \tag{3.43}$$

这是一个典型的二次式，且唯象系数 $\mathcal{R}_{ij}^{(\alpha\beta)}$ 是正的，因此由该式表示的熵产生是非负定的，满足热力学第二定律的要求。

在接近平衡的条件下，假定唯象系数为常数，则与外界强加的限制(控制条件)相适应的非平衡定态的熵产生具有极小值，其数学形式为

$$\frac{\mathrm{d}\vartheta}{\mathrm{d}t}\leqslant 0 \tag{3.44}$$

其中等号对应体系的定态，$\vartheta=\int_V\sigma_{ent}dV$。此即 Prigogine[117] 于 1945 年提出的最小熵产生原理。最小熵产生原理反映了非平衡定态的一种“惰性”行为：当边界条件阻止体系达到平衡态时，体系将选择一个最小耗散的态，而平衡态仅是它的一个特例，即熵产生为零或零耗散的态。应该注意最小熵产生原理并不是普适的，即使在非平衡态的线性区，其实也不能肯定定态总是稳定的。

3.4.2 空间对称性——Curie-Prigogine 原理

表征不可逆过程流和力关系的唯象系数必须满足 Curie 原理[113, 114]，即物质中对称因素的存在排除了流和力间与对称特性不相容的热力学关系。特别地，如果体系是等熵的，那么体系中的流就不可能受与之不同阶张量的热力学力的影响，反之亦然。

3.4.3 时间对称性——Onsager 倒易关系

除受空间对称性限制外，唯象系数还受到源于微观可逆性原理的时间对称性限制，此即 Onsager 倒易关系[115, 116]。具体可阐释为，当第 α 个不可逆过程的流受到第 β 个不可逆过程的力影响时，第 β 个不可逆过程的流必然同样受到第 α 个不可逆过程的力的影响，并且表征这两种相互影响的耦合系数相等：

$$L_{ij}^{\alpha\beta} = L_{ij}^{\beta\alpha} \tag{3.45}$$

3.5 非平衡态热力学的一些热力学函数及热力学关系

无论平衡态热力学还是非平衡态热力学，主要目的之一是将热力学量和可以用实验测得的物理量关联起来。研究表明[126, 127]，对热力学函数的计算采用以平衡和非平衡贡献的方式处理是必要和可行的。

3.5.1 补偿函数(Compensation Function)

在 Carnot 理论的基础上，分析 Carnot 不可逆过程，可以定义补偿函数[126, 127] ψ 如下：

$$T\frac{\mathrm{d}\psi}{\mathrm{d}t} = \frac{\mathrm{d}\varepsilon}{\mathrm{d}t} + p\frac{\mathrm{d}v}{\mathrm{d}t} - \sum_i \hat{\mu}_i \frac{\mathrm{d}}{\mathrm{d}t}c_i + \sum_i \sum_\alpha X_i^\alpha \otimes \frac{\mathrm{d}}{\mathrm{d}t}\hat{\phi}_i^\alpha \tag{3.46}$$

必须注意，ϕ 必然满足下述条件

$$\lim_{\hat{\phi}\to 0}\psi = s \tag{3.47}$$

由此，熵衡算方程可表示为

$$\frac{\mathrm{d}s}{\mathrm{d}t} = \frac{\mathrm{d}\psi}{\mathrm{d}t} + \Xi_s \tag{3.48}$$

这里 $\Xi_s = -(\rho T)^{-1}\sum_i\sum_\alpha[Z_i^\alpha \otimes X_i^\alpha + \phi_i^\alpha \otimes \chi_i^\alpha]$。补偿函数也称为“非平衡熵”(Calortropy)[127]结合式(3.6)。可以看出 $d_t\psi$ 为环境对所研究的非平衡体系内空间点 r 处单元体的能量和物质的补偿。

3.5.2 热力学关系

由补偿函数 ψ 的定义，广义的 Gibbs 关系为

$$T\mathrm{d}\psi = \mathrm{d}\varepsilon + p\mathrm{d}v - \sum_i \hat{\mu}_i \mathrm{d}c_i + \sum_i\sum_\alpha X_i^\alpha \otimes \mathrm{d}\hat{\phi}_i^\alpha \tag{3.49}$$

如果上式可积，那么广义的 Maxwell 关系成立，则有下述广义的 Maxwell 关系式，反之亦然：

$$\left(\frac{\partial T}{\partial v}\right)_{c,\,\psi,\hat{\Phi}} = -\left(\frac{\partial p}{\partial \psi}\right)_{v,\,c,\,\hat{\Phi}} \tag{3.50a}$$

$$\left(\frac{\partial T}{\partial c_a}\right)_{v,\,c',\psi,\hat{\Phi}} = \left(\frac{\partial \hat{\mu}_a}{\partial \psi}\right)_{v,\,c,\,\hat{\Phi}} \tag{3.50b}$$

$$\left(\frac{\partial T}{\partial \hat{\Phi}_a^{(\alpha)}}\right)_{v,\,c,\,\psi,\hat{\Phi}'} = -\left(\frac{\partial X_a^{(\alpha)}}{\partial \psi}\right)_{v,\,c,\,\hat{\Phi}} \tag{3.50c}$$

$$\left(\frac{\partial p}{\partial c_a}\right)_{v,\,c',\psi,\hat{\Phi}} = -\left(\frac{\partial \hat{\mu}_a}{\partial v}\right)_{\psi,c,\,\hat{\Phi}} \tag{3.50d}$$

$$\left(\frac{\partial p}{\partial \hat{\Phi}_a^{(\alpha)}}\right)_{v,\,c,\,\psi,\hat{\Phi}'} = -\left(\frac{\partial X_a^{(\alpha)}}{\partial v}\right)_{\psi,c,\,\hat{\Phi}} \tag{3.50e}$$

$$\left(\frac{\partial \hat{\mu}_b}{\partial \hat{\Phi}_a^{(\alpha)}}\right)_{v,\,c,\,\psi,\hat{\Phi}'} = -\left(\frac{\partial X_a^{(\alpha)}}{\partial c_b}\right)_{\psi,v,\,c,\,\hat{\Phi}} \tag{3.50f}$$

与平衡态热力学相对应,可以定义:

$$焓:h=\varepsilon+pv \tag{3.51a}$$

$$功函数:a=\varepsilon-T\psi \tag{3.51b}$$

$$\text{Gibbs}\ 自由能:g=h-T\psi \tag{3.51c}$$

$$偏摩尔量:\bar{\mu}_i=\left(\frac{\partial\mu}{\partial c_i}\right)_{T,p,C',\hat{\phi}} \tag{3.51d}$$

特别地,

$$化学势:\hat{\mu}_i=\left(\frac{\partial g}{\partial c_i}\right)_{T,p,C',\hat{\phi}}\quad i=1,2,\cdots \tag{3.51e}$$

$$比热:C_v=\left(\frac{\partial\varepsilon}{\partial t}\right)_{v,\hat{\phi}}=T\left(\frac{\partial\psi}{\partial T}\right)_{v,\hat{\phi}} \tag{3.51f}$$

$$C_p=\left(\frac{\partial h}{\partial T}\right)_{p,\hat{\phi}}=T\left(\frac{\partial\psi}{\partial T}\right)_{p,\hat{\phi}} \tag{3.51f'}$$

$$平衡态比热:C_v^0=\lim_{\phi\to 0}C_v(\hat{\phi}) \tag{3.51g}$$

$$C_p^0=\lim_{\phi\to 0}C_p(\hat{\phi}) \tag{3.51h}$$

由上述广义热力学函数的基本定义和关系式,考虑体系状态空间从(T_0, P_0 或 v_0, $\hat{\phi}^{(\alpha)}=0$: $\alpha=1,2,\cdots,l$) $\underset{\Gamma}{\rightarrow}$ (T, P 或 v, $\hat{\phi}^{(\alpha)}$: $\alpha=1,2,\cdots,l$)。在与 Γ 等价的正交路径 $\Gamma_{P1}+\Gamma_{P2}$ 或 $\Gamma_{P3}+\Gamma_{P4}$ 上分别对焓、内能和比热的微分函数进行积分(见图 3.1),可得

$$h(T,p,\hat{\phi})=h_e(T,p)+h_{ne}(T,p,\hat{\phi}) \tag{3.52}$$

这里,$h_e(T,p)=h\Big(T_0,p_0,0)+\int_{T_0}^{T}\mathrm{d}TC_p^0(T,p_0)+\int_{p_0}^{p}\mathrm{d}p(v-T\left(\frac{\partial v}{\partial T}\right)_{p,0}\Big)$,积分路径为 Γ_{p1};$h_{ne}(T,p,\hat{\phi})=\sum_{\alpha}\int_0^{\hat{\phi}(\alpha)}\mathrm{d}\,\hat{\phi}^{(\alpha)}\otimes$

$\left[T\left(\frac{\partial X^{(\alpha)}}{\partial T}\right)_{p,\hat{\phi}} - X^{(\alpha)}\right]$，积分路径为 Γ_{P2}。

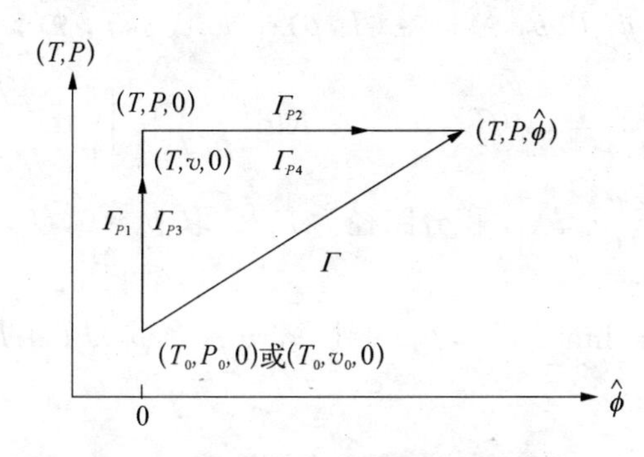

图 3.1　广义热力学函数的积分路径

进一步可得

$$C_p(T,p,\hat{\phi}) = C_p^0(T,p) + C_p^{(n)}(T,p,\hat{\phi}) \tag{3.53}$$

$$C_v(T,v,\hat{\phi}) = C_v^0(T,v) + C_v^{(n)}(T,v,\hat{\phi}) \tag{3.54}$$

$$\varepsilon(T,v,\hat{\phi}) = \varepsilon_e + \varepsilon_{ne}(T,v,\hat{\phi}) \tag{3.55}$$

其中，$C_p^{(n)}(T,p,\hat{\phi}) = \sum_\alpha \int_0^{\hat{\phi}^{(\alpha)}} \mathrm{d}\hat{\phi}^{(\alpha)} \otimes T\left(\frac{\partial^2 X^{(\alpha)}}{\partial T^2}\right)_{p,\hat{\phi}}$，积分路径为 Γ_{P2}；

$C_v^n(T,v,\hat{\phi}) = \sum_\alpha \int^{\hat{\phi}^{(\alpha)}} \mathrm{d}\hat{\phi}^{(\alpha)} \otimes T\left(\frac{\partial^2 X^{(\alpha)}}{\partial T^2}\right)_{v,\hat{\phi}}$，积分路径 Γ_{P4}；

$\varepsilon_e(T,v) = \varepsilon(T_0,v_0,0) + \int_{T_0}^{T} \mathrm{d}TC_v^0(T,v) + \int_{v_0}^{v} \mathrm{d}v\left[T\left(\frac{\partial P}{\partial T}\right)_{v,0} - p\right]$，积分路径为 Γ_{P3}；

$\varepsilon_{ne}(T,v,\hat{\phi}) = \sum_\alpha \int_0^{\hat{\phi}^{(\alpha)}} \mathrm{d}\hat{\phi}^{(\alpha)} \otimes \left[T\left(\frac{\partial X^{(\alpha)}}{\partial T}\right)_{v,\hat{\phi}} - X^{(\alpha)}\right]$，积分路径为 Γ_{P4}。

考虑到广义的 Maxwell 关系式(3.50)，对补偿函数的微分式(3.49)

积分,有

$$\psi(T,p,\hat{\phi}) = s_e(T,p) + \psi_{n,e}(T,p,\hat{\phi}) \tag{3.56}$$

其中, $s_e(T,p) = s_e(T_0,p_0) - R\ln\left(\frac{p}{p_0}\right) + \int_{T_0}^{T} \mathrm{d}T \frac{C_p^0(T,p_0)}{T} + \int_{p_0}^{p} \mathrm{d}p\left[\frac{R}{p} - \left(\frac{\partial v}{\partial T}\right)_{p,0}\right]$,积分路径为 Γ_{P1}。取 $p_0=0$,定义

$$s_e^*(T) = \lim_{p\to 0}\left[s_e(T_0,p_0) + \int_{T_0}^{T} \mathrm{d}TC_p^0(T,p_0)/T + R\ln p_0\right] \tag{3.57}$$

$$h_e^*(T) = \lim_{p_0}\left[h(T_0,p_0,0) + \int_{T_0}^{T} \mathrm{d}TC_p^0(T,p_0)\right] \tag{3.58}$$

从而

$$s_e(T,p) = s_e^*(T) - R\ln p + \int_0^p \mathrm{d}p\left[\frac{R}{p} - \left(\frac{\partial v}{\partial T}\right)_{p,0}\right] \tag{3.59}$$

$$h_e(T,p) = h_e^*(T) + \int_0^p \mathrm{d}p\left[v - T\left(\frac{\partial v}{\partial T}\right)_{p,0}\right] \tag{3.60}$$

由 Gibbs 自由能的定义式(3.51c)可得

$$g = g^*(T) + RT\ln p + \int_0^p \mathrm{d}p\left(v - \frac{RT}{p}\right) - \sum_\alpha \int_0^{\hat{\phi}^{(\alpha)}} \mathrm{d}\hat{\phi}^{(\alpha)} \otimes X^{(\alpha)} \tag{3.61}$$

这里, $g^*(T) = h_e^*(T) - Ts_e^*(T)$。对于多组分体系,组分 i 的化学势为

$$\hat{\mu}_i(T,p,c,\hat{\phi}) = \hat{\mu}_i^e(T,p,c) + \sum_j \sum_\alpha \int_0^{\hat{\phi}^{(\alpha)}} \mathrm{d}\hat{\phi}_j^{(\alpha)} \otimes \hat{\mu}_{ij}^{(\alpha)} \tag{3.62}$$

其中 $\hat{\mu}_i^{(e)}=\hat{\mu}_i^*(T,p)+RT\ln(c_i f_i^e)$，$\hat{\mu}_i^*(T,p)$ 为参考态化学势，

$$f_i^e=\exp\left[\frac{1}{RT}\int^p \mathrm{d}p\left(v_i-\frac{RT}{p}\right)\right] \tag{3.63}$$

引入非平衡逸度系数

$$f_i^{(n)}=\exp\left\{\frac{1}{RT}\left[\int_0^p \mathrm{d}p\left(\bar{v}_i-\frac{RT}{p}\right)+\sum_j\sum_\alpha\int_0^{\hat{\phi}_j^{(\alpha)}}\mathrm{d}\,\hat{\phi}_j^{(\alpha)}\otimes\mu_{ij}^{(\alpha)}\right]\right\} \tag{3.64}$$

则，式(3.62)可表示为

$$\hat{\mu}_i(T,p,c,\hat{\phi})=\mu_i^*(T,p)+RT\ln(c_i f_i^{(n)}) \tag{3.65}$$

对于溶液中情形，非平衡逸度系数即为非平衡活度系数，但注意其中必须引入由于溶液的生成而产生的影响项(可通过各种活度系数模型计算)，同时压力项可予忽略。

3.6 本章小结

本章重点介绍了如下内容

(1) 在动量、质量和能量守恒定律及热力学第二定律的基础上，得出了非平衡态热力学的基本方程组(3.1)～(3.7)。

(2) 基于修正矩法求解广义 Boltzmann 方程，经合理的简化得到适用于非平衡态体系的本构方程及其关系式(3.30)～(3.39)。

(3) 阐述了线性非平衡态热力学本构关系所具有的特性。

(4) 定义了热力学位函数-补偿函数(非平衡熵)后，给出了广义的 Maxwell 关系。在此基础上定义了与平衡态热力学相对应的热力学函数，导出了相应的关系式。

本章符号说明

a　　功函数/(J/kg)；体系内的组分

a_a	组分 a 的活度
A_l	反应 l 的亲和力/(J/mol)，$A_l = \sum_{a=1}^{r} \nu_{al}\hat{\mu}_a$
c_a	组分 a 的质量分数($c_a = \rho_a/\rho$)
$\hat{C}_{pa}$	单位质量组分 a 的恒压比热/(J/kg·K)
d	分子平均直径/m
D_{ab}、D_{ba}	组分 a、b 扩散过程的唯象系数/(kg·s/m^2)
f_i^e	平衡逸度(活度)系数
$f_i^{(n)}$	非平衡逸度(活度)系数
$\vec{F}$	体系单位质量所受的体积外力/(N/kg)，$\vec{F} = \sum_{a=1}^{r} \vec{F}_a$
g	Gibbs 自由能/(J/kg)
h	焓/(J/kg)
$\hat{h}_a$	单位质量组分 a 的焓/(J/kg)，$\hat{h}_a = \varepsilon_a + p_a v_a$
$\vec{J}_a$	组分 a 的质量流率/(kg/m^2·s)
k_B	Boltzmann 常数($1.380\,44 \pm 0.000\,07 \times 10^{-23}$ J/K)
k_{fl}、k_{rl}	分别为正逆反应速率常数/(mol/m^3·s)
m_r	平均折算质量 (kg，$m_r^{-1} = \sum_{a=1}^{r} m_a^{-1}$，$m_a$，分子质量)
n	分子数密度/m^{-3}
P	流体静压力/(N/m^2)
$\vec{P}$	应力张量/(N/m^2)，$\vec{P} = p\vec{U} + \Delta\vec{U} + \vec{\Pi}$
$q_e(\kappa)$	非线性耗散因子
$\vec{Q}$	体系和环境交换的热流率/(J/m^2·s)
S	平衡熵/(J/kg·K)
t	时间/s
T	绝对温度/K

$\vec{u}$	速度/(m/s)
$\vec{U}$	单位矩阵
v	比容/(m^3/kg), $v=\frac{1}{\rho}$
v_a	组分 a 的比容/(m^3/kg), $v_a=1/\rho_a$
ν_{al}	化学反应 l 中组分 a 的化学计量系数与其摩尔质量的乘积/(kg/mol)
$X_i^{(\alpha)}$	用修正矩法对 Boltzmann 方程求解过程中所产生的宏观变量的唯象函数
$Z_a^{(\alpha)}$	运动学项,包含驱动流的热力学力和附加的非线性项
β, g'	动力学参数
λ_0	导热过程的唯象系数/m・kg・s^{-3}
η_0	流体的动力黏度/(N・s/m^2)
$\vec{\gamma}$	剪切速率张量/s^{-1}, $\vec{\gamma}=\chi^{(1)}$
Δ	法向超额膨胀应力/(N/m^2)
ε	体系单位质量所具有的内能密度/(J/kg)
κ^2	Rayleigh-Onsager 函数(无量纲)
Λ_a^c	化学反应产生的源项/(kg/m^3・s)
$\Lambda_a^{(\alpha)}$	耗散项
Λ_l^0	反应速率/(mol/m^3・s),以质量作用定律表示的形式为 $\Lambda_l^0=k_{fl}\prod_{a=1}^{sl}(a_a)^{-\hat{\nu}_{il}}-k_{rl}\prod_{a=sl+1}^{r}(a_a)^{-\hat{\nu}_{il}}$
$\bar{\mu}_i$	偏摩尔量
$\hat{\mu}_a$	单位质量组分 a 的化学势/(J/kg・mol)
$\vec{\Pi}$	代表剪切应力/(N/m^2)
ρ	流体密度/(kg/m^3)
σ_{ent}	单位体积组分 a 的熵产生/(J/K・s・m^3)
τ_p、τ_q、τ_J	与流体材料特性有关的动力学参数/(s, m, s^2/m)

φ	单位质量组分 a 的熵密度/(J/K·kg)
$\Phi_a^{(1)}$、$\Phi_a^{(2)}$、$\Phi_a^{(3)}$、$\Phi_a^{(4)}$	分别表示体系的剪切应力、体积应力、热流和质量流
$\hat{\Phi}_a^{(\alpha)}$	折算流，$\Phi_a^{(\alpha)} = \rho\hat{\Phi}_a^{(\alpha)}$
χ_i^a	驱动流的热力学力
ψ	补偿函数/(J/kg·K)
$\mathcal{R}_{ab}^{(\alpha\beta)}$	按碰撞积分给出的张量系数，包括弹性、非弹性碰撞和化学反应的贡献

第四章　冶金过程和非平衡态热力学

4.1　冶金过程的非线性和非平衡性

以纯净钢的冶炼过程为例，科学技术的不断进步和发展对钢的纯洁度提出了越来越高的要求，纯净钢的生产已成为现代钢铁生产的主流，最大限度地提高钢液纯洁度是炼钢工作者所面临的挑战和艰巨任务，也是炼钢工作者刻意追求的目标。超低碳钢和超低硫钢是纯净钢的两个典型的主体钢种。为满足当代汽车工业的需要，钢中碳和氧的含量必须控制在 10×10^{-4} mass%以下。大量研究表明，许多钢种，例如，海洋用钢，航空用钢，管线钢，中、厚板钢等，为达到所限定的性能以满足使用要求，其硫的含量必须控制在 10×10^{-4} mass%以下，甚至更低的水平。

前面已经提及，在众多冶炼超低碳钢的技术中，真空循环(RH)精炼，由于其适应性强，效率高，效果好，精炼操作简单、方便等一系列优点，应用最广，发展最快，已成为一种多功能炉外真空精炼技术，在炉外精炼技术中占据了主导地位。在相当大的程度上，它已是生产低碳和超低碳钢的工艺路线中不可分割的组成部分，是降低钢液碳含量和脱气的一个主要操作。目前，世界各国都在为进一步发展此项技术而努力。我国亦不例外，武钢、宝钢、攀钢等这几年相继改建、增添了多功能 RH 精炼装置，且还在建造这种精炼设备。对低硫和超低硫钢，迄今为止，业已开发了各种冶炼工艺及方法，钢液的喷粉处理，特别是炉外喷粉脱硫已成为一种广泛应用的工艺。但是，在钢包喷粉过程中，脱硫的效果在很大程度上与顶渣状况有关，且钢液不可避免地会从大气吸氮而导致其氮含量增高。近年来开发的钢液 RH 精炼过程中的一些喷粉脱硫工艺(RH - PB(IJ),RH - PB(OB),RH - PTB 等)[129-136]使该项技术的功能更为完善。尽管真空在热力学上并不能直接影响喷粉脱硫反应,但低压下,特别是 RH 精炼条件下的喷粉脱硫有一系列显著的优点,钢液的真空循环精炼喷粉脱硫对低硫和超低硫钢的生产具有极好的效果,极好的应用潜能和前景。

钢液的真空循环精炼脱碳和喷粉脱硫过程无疑都是典型的多相、异形、复杂的火法冶金过程,涉及吹气、真空处理、顶吹氧(KTB)和喷粉等操作。相应的精炼反应,对脱碳精炼,属气-液型反应;对喷粉脱硫,主要是钢液与作为弥散相的粉剂(呈液态或固态)间的相互作用,包括了液-液和液-固反应。按照冶金反应工程学的观点,冶金反应体系中,传输现象和精炼反应总是同时发生,相互耦合。脱碳脱硫效果的好坏,既与气相(真空)、钢液和熔渣间的化学反应(包括弥散相间的化学反应和影响钢液氧位的反应)有关,又为体系内的(多相)流动状态、传热、传质和其他不可逆过程所制约。这意味着除温度、压力、化学组成、结构及技术参数等因素外,体系内发生的传输过程也将强烈地直接影响化学精炼反应的机理、速率和效率。

实际冶金过程,例如钢液的真空循环精炼脱碳和喷粉脱硫过程,在宏观上总是不可逆的,所涉及的又大多是开放体系,本质上呈固有的非平衡性和非线性特征。低碳和超低碳钢的脱碳过程,低硫和超低硫钢的脱硫过程在远离平衡态的情况下进行。因此,要想真正搞清真空循环精炼脱碳和喷粉脱硫这类实际冶金过程的本质和内在规律,不同操作条件、工艺及几何参数等的影响,真实地定量描述这类过程,就必须充分考虑其非平衡性和非线性的特点。

4.2 冶金反应工程学和非平衡态热力学的异同

基于冶金反应工程学的观点、原理和方法来定量描述实际冶金过程时,除应用动量、能量和质量恒算方程外,熵衡算方程并没有提及和使用；一般都把唯象系数视为常数，基本上不考虑各不可逆过程间的交互作用(即交互唯象系数视为零)，相应的热力学流和热力学力间呈线性关系。当存在源或汇时，相应的泛定方程也是线性的非齐次方程(边界条件则很可能是非线性的)。这实际上是将过程和体系限定在接近平衡态的情况，即非平衡态的线性区，与线性非平衡态热力学的研究情况相一致。这时，表征热力学第二定律对体系行为所加限制的熵衡算方程和熵产生($\sigma_{ent} \geqslant 0$，此时具有热力学位函数的性质)可予自动满足(如3.4.1节中所述)，与描述体系内传输过程的动量、能量和质量衡算方程是可予分离求解。以动量、能量和质量衡算方程作为约束条件，使熵产生最小化，即可确定相应的线性非平衡定态，就能量耗散而言，此即实际线性非平衡态过程所能达到的最佳状态[137, 138]。相应地，熵产生在线性非平衡态热力学中，在某种意义上，如同熵函数在平衡态热力学中那样起着关键性的作用。

然而，对于远离平衡态的体系和过程，即非线性非平衡态过程，热力学流和热力学力间的线性关系(线性的热力学力-流方程)不再成立，各不可逆过程间的交互作用也不能忽略不计，不能再假设各交互唯象系数为零，而此时相应的熵衡算方程(3.6)和由补偿函数表示的熵产生随时间的变化方程(3.48)与其余各衡算方程也不再可分离求解，而是相互耦合的，熵产生也不再具有热力学位函数的行为，热力学量和动力学量同时决定着过程的(非线性)非平衡定态。应该说，这对冶金反应工程学在理论上是十分有力的支持、补充和扩展。

本质上讲，实际冶金过程都处于非平衡条件下。无论线性非平衡态热力学还是非线性非平衡态热力学，如前所述，都存在一个与平衡态热力学中的熵相对应的热力学位函数-补偿函数(或称非平衡熵)，以之为基础可定义并建立一系列非平衡态热力学函数和关系式。这些函数和关系式同式(3.1)～(3.7)一起构成了非平衡态热力学，从这个意义上讲，非平衡态热力学实际上完整地涵盖了热力学和动力学两个部分(二者已经有机的结合在一起，不可分离)。

还应当指出，对于多相体系，相间界面层在几何学上实际属多维结构。界面层内的传输过程(本质上具不可逆性)会影响各相本体内的过程[139]。基于这种考虑,由界面层内的各传输过程来确定描述本体内过程的各衡算方程的边界条件,当更具合理性,能更贴切地反映实际情况。

因此,结合运用冶金反应工程学和非平衡态热力学的观点、原理和方法来研究实际冶金过程,如钢液真空循环精炼中的脱碳和喷粉脱硫这样典型的非平衡过程(涉及的是气-液型反应和(弥散相)液-液和液-固反应),可更深入地搞清其本质和内在规律,不同操作条件、工艺及几何参数等的影响,由此可研制更切合实际的过程数学模型。这对推动和促进真空循环精炼超低碳和超低硫钢冶炼技术及冶金反应工程学(冶金科学和技术)的进步与发展,无疑具有重要的科学意义和实用价值。

4.3 对实际非线性非平衡冶金过程的研究现状

迄今为止,非平衡热力学在冶金中的应用研究还很少,现有的工作几乎都是基于局域平衡假设来进行的,绝大部分还限于线性区。就炼钢和钢液精炼过程而言,在钢液中合金和杂质元素浓度较低、温度梯度不太大的情况下,对于流动和传热、传质过程的这种近似处理是可行的,也是较合理的。然而,实际过程不仅涉及钢液的流动和传热、传质,更多的情况下,还必须考虑发生于熔渣相内的不可逆过程和体系内发生的化学反应。对于酸性熔渣,在熔点附近其流动的本征关系本质上是非牛顿型的;一般而言,熔渣中的组分浓度较高,各组分间扩散过程的耦合效应是不可忽略的;由于其与气体直接接触,表面区域温度梯度较大,导致热扩散效应较明显。除受钢液中合金和杂质元素的传质控制外,炼钢和钢液精炼过程中发生的化学反应是典型的非线性非平衡过程,需要用不同的方法进行处理。由于动力学方程的复杂性,在过程的稳定性分析方面现有的工作也远远不够。

脱碳和脱硫反应是钢铁冶金中的两个基本反应，对钢铁工业有特殊的重要性。对铁液中的 C－O 反应本身和脱碳过程的研究，有关的报道，包括它们热力学和动力学，难以枚举。随着实验手段和测试技术的进步，结果的精度也不断提高。这里值得和必须提到的一点是已经发现了关于这个反应的非线性非平衡现象[103-105, 140, 141]，即铁液中碳或氧的浓度随化学位梯度而变，以非线性的动力学模型作分析，可以再现有关电磁悬浮熔炼脱碳或氧化过程中铁液内碳和氧浓度的非线性变化的实验结果[103-105]。尽管所作的分析基本还是基于化学动力学，但这项结果仍十分有意义，它证实了脱碳过程（C－O 反应）确实具有非线性和非平衡性。对钢液的真空循环（RH）精炼脱碳（脱气）过程，Watanabe 等[142]，Fujii 等[143]，Bakajin 等[144]，Kuwabara 等[13]都曾从冶金反应工程学的角度作过数学模拟，建立了各种一维模型。Wei 等[95, 96]也对 RH 和 RH－KTB 中钢液的脱碳和脱气过程提出了一个新的一维模型。文献中有关的研究还有很多[41, 94, 95]。但这些模型在某种程度上都存在前面所述的这样那样的不足。

关于铁液的脱硫反应本身和脱硫过程，包括喷粉脱硫过程，冶金工作者也已作过很多研究，涉及其热力学和动力学，以及过程的数学模拟等，例如文献[145-148]。就钢液真空循环（RH）精炼喷粉脱硫过程的动力学和数学模拟研究而言，除 Wei 等的工作外[29, 30]文献中尚未见报道。即使仅考虑到 RH 过程特殊的操作和精炼条件也不难理解，关于钢包内钢液喷粉脱硫过程现有的动力学和数学模型不能直接应用于钢液真空循环（RH）精炼喷粉脱硫这一非平衡过程。众所周知，热力学上说，高的熔渣碱度、高的温度和低的氧位是钢液脱硫的必要条件。然而，在过程的动力学上，钢液的喷粉脱硫就不那么简单，从冶金反应工程学的角度看，则更是十分复杂的。随着冶金反应工程学的兴起和成长，与对其他冶金过程的研究一样，对钢液喷粉脱硫过程研究的一个明显的特点和进步是从冶金反应工程学的角度，以冶金反应工程学的观点、原理和方法来研究喷粉脱硫过程，把精炼反应与体系内的流动现象，工艺和操作参数等相结合。但是，这些动力学和过程数学模型，包括 Wei 等提出的钢液真空循环(RH)精炼喷粉脱硫过程的动力学模型，同样都存在这样那样的不足，亦都没有充分考虑过程本质上的非线性和非平衡性。

就处理实际冶金问题的思路和方法而言，对于有多个精炼反应同时发生的情况，考虑多个精炼反应(包括脱碳和脱硫反应)的相互耦合，曾建立了多组份耦合反应动力学模型[149-151]，其中大多采用了耦合反应下的对流传质系数。可以说，这些研究是线性非平衡态热力学的观念在冶金过程研究中的初步应用。20 世纪 80 年代，魏季和和 Mitchell[152-156]在研究低碳低合金钢和高合金钢电渣重熔过程中的传质和成分变化时，基于扩散的渗透理论和修正的薄膜理论，创立了研究冶金过程动力学的不稳态法，由渣金界面各反应的综合平衡确定了一维不稳态扩散方程的边界条件，反映了边界条件的非线性。但是，相应的泛定方程仍然是线性的。

近年来，冶金工作者开始更多地注意和着手探索、研究和处理实际冶金过程的非平衡性。1997 年，魏季和就曾明确指出了实际冶金过程的非线性和非平衡性[157]，提出必须予以充分考虑和立即开始研究。最近，MEFOS 的研究者[158-161]将计算流体力学(CFD)与热力学模型相耦合，对 CAS－OB 过程，气体搅拌钢包和电弧炉中涉及钢液、熔渣和气体三相的(非平衡)冶金过程(包括脱硫过程)作了数学模拟，并作了现场测试。但是，相应的泛定方程依然是线性的。另外，他们以热力学平衡计算的结果来处理源项，这必然会过高地估计精炼结果，他们得到的结果充分表明了这一点。事实上，即使在搅拌下的渣金两相混合区，要达到理想状态的热力学平衡也是绝不可能的。

Bakker 等[162]针对电弧炉过程，基于热力学第一定律和一些经验关系式提出了一个多变量非线性状态空间模型。然而，该模型中存在大量可调参数。Traebert 等[163]以碱性氧气炼钢[BOS]过程为对象，研究了非平衡冶金过程的数学模拟，基于局域平衡反应和给定的传热和传质参数，以细胞模型提出了一个 BOS 过程模型。就模型结构而言，这只是一个简单的一般化模型，把热斑、金属本体熔池、渣金乳化相和熔渣本体归结为一些细胞，这些细胞间则存在交换流率。以该模型利用 150 t 转炉的数据计算了各交换比等参数，发现当金属熔池含碳量达 0.006 mass%后，脱碳速率与碳和氧浓度呈非线性关系。但该模型中存在不少必须通过与实际数据相拟合才能得到的可调的交换比。

4.4 应用非平衡态热力学研究冶金过程的必要性和可行性

如前所述，关于熵的衡算方程、熵产生和补偿（微分）函数的引入，从理论上对冶金反应工程学是十分有力的支持和补充。事实上，非平衡态热力学对研究有多个相互作用的过程同时发生的情况尤为适用。从根本上说，唯有结合运用非平衡态热力学的观点、原理和方法才能真正揭示实际非线性非平衡过程的本质。根据非平衡态热力学，可把上述类似的参数和变量个数减少到最低限度。Onsager[116, 117]于 1931 年首次提出和奠定了非平衡态热力学的理论基础，并与 Eckart[119-121]，Meixner[122]，Prigogine[118]等一起创立和完善了线性非平衡态热力学理论。这一理论现已被广泛应用于物理学，生物学，化学和工程科学。在线性非平衡态热力学日趋成熟的同时，随着非线性非平衡态热力学在理论和方法上的突破，宏观状态下熵产生的时间变化率和关于熵的补偿（微分）函数的引入，微观状态下的涨落和耗散理论的完善，对 Markov 过程和非 Markov 过程，近似求解 Boltzmann 等方程的修正矩法（把 Maxwell 和 Grad 的常规矩法中的分布函数表示为某个指数函数来表示过程的非线性）的创立[128, 164]，等等，使线性和非线性非平衡态热力学得以统一，尽管由于问题的复杂性，对实际非线性非平衡过程的分析还需根据具体情况作个案处理[126-128, 164]。这为结合运用冶金反应工程学和非平衡态热力学的观点、原理和方法来研究非线性非平衡的实际冶金过程，提供了必要和充分的保证。

对于非平衡体系，必须进行质量、动量、能量和熵的衡算。在近平衡区由于热力学流和力间存在着线性关系，本构关系和热力学第二定律是自洽的，因而熵衡算方程(3.6)和熵产生关系式(3.7)与描述体系行为的质量、动量、能量方程可以分离求解；而在远离平衡的非线性区，由于热力学流和力间的关系是非线性的，作为限制条件的熵衡算方程(3.6)和熵产生关系式(3.7)必须在构建本构关系时加以考虑。

4.5 非平衡态热力学在冶金过程研究中的应用

迄今为止，由于冶金过程问题的复杂性和理论的发展，在冶金研究过程中，无论体系处于近平衡区还是远离平衡区，应用非平衡态热力学几乎都没有涉及黏性剪切过程；而且非平衡态热力学在冶金过程研究中的应用主要集中于近平衡区体系；对处于远离平衡区的体系，主要仅限于过程的稳定性分析。

4.5.1 线性非平衡态热力学在冶金过程研究中的若干应用实例

A 组分的互扩散问题

对于仅存在物质扩散的 a 个组分体系，基于第三章所述的线性非平衡态热力学理论，根据式(3.7)存在关系式：

$$\sigma_{ent} = -\frac{1}{T}\sum_{i=1}^{a} J_i \cdot (\nabla \mu_i)_{P,T} \tag{4.1}$$

$$\sum_{i=1}^{a} M_i J_i = 0 \tag{4.2}$$

$$\sum_{i=1}^{a} n_i (\nabla \mu_i)_{T,P} = 0 \tag{4.3}$$

消去组分 a 的作用，有

$$\sigma_{ent} = -\frac{1}{T}\sum_{i=1}^{a-1} J_i \cdot \left[\sum_{k=1}^{a-1}\left(\delta_{ik} + \frac{M_i n_k}{M_a n_a}\right)(\nabla \mu_k)_{T,P}\right] \tag{4.4}$$

由此，扩散流 j_i 的线性本构关系为：

$$J_i = -\frac{1}{T}\sum_{s=1}^{a-1} L_{is} \sum_{k=1}^{a-1}\left(\delta_{sk} + \frac{M_s n_k}{M_a n_a}\right)(\nabla \mu_k)_{T,P} \tag{4.5}$$

对于各向同性介质，有

$$(\nabla \mu_k)_{T,P} = \sum_{l=1}^{a-1}\left(\frac{\partial \mu_k}{\partial x_l}\right)_{T,P} \nabla x_l \tag{4.6}$$

因此，

$$J_i = -\frac{1}{T}\sum_{s=1}^{a-1} L_{is} \sum_{k=1}^{a-1}\left(\delta_{sk} + \frac{M_s n_k}{M_a n_a}\right)\sum_{l=1}^{a-1}\left(\frac{\partial \mu_k}{\partial x_l}\right)_{T,P} \nabla x_l \tag{4.7a}$$

$$J_i = -\frac{1}{T}\sum_{l=1}^{a-1}\sum_{s=1}^{a-1} L_{is} \sum_{k=1}^{a-1}\left(\delta_{sk} + \frac{M_s n_k}{M_a n_a}\right)\left(\frac{\partial \mu_k}{\partial x_l}\right)_{T,P} \nabla x_l \tag{4.7b}$$

与 Fick 第一扩散定律相比较，互扩散系数 D_{il} 可表示为

$$D_{il} = \frac{1}{T}\sum_{s=1}^{a-1} L_{is} \sum_{k=1}^{a-1}\left(\delta_{sk} + \frac{M_s n_k}{M_a n_a}\right)\left(\frac{\partial \mu_k}{\partial x_l}\right)_{T,P} \tag{4.8}$$

冶金工作者对非平衡态热力学的研究最早可以追溯到 60 年代[165, 166]。早在 1965 年，基于非平衡态热力学的观点，Kirkaldy[165]就对扩散问题在冶金中的表现作了定性和定量的描述。在不考虑扩散的本构关系中交互项的前提下，三组分体系中的互扩散系数存在如下关系式：

$$\frac{D_{12}}{D_{11}} = \frac{\partial \mu_1 / \partial x_2}{\partial \mu_1 / \partial x_1} \tag{4.9}$$

对 Fe－C－Mn 和 Fe－C－Si 体系中扩散的分析表明，在冶金计算中，如果组分浓度较小，则上述基本假设是合理的。并基于 Chipman 的活度表达式，计算了 Si－C 间的互扩散系数 D_{CSi} 和 D_{SiC}。对于稀熔体

而言，其结论无疑具有积极意义，但是从本质上看，他们的工作并没有突破平衡态热力学的范畴。

Nagata 和 Goto[167]研究了高温等压下的 $CaO-SiO_2-Al_2O_3$ 体系。为简化起见，认为熔体由 Ca^{2+}、Si^{4+}、Al^{3+} 和 O^{2-} 等简单离子组成。在非平衡态线性区域，忽略扩散本构方程中的交互项，可得在组分 i 和其示踪剂 $i*$ 的体系中，示踪扩散系数和对角传输系数间的关系

$$D_i^{tr} = L_{ii}RT/C_i \tag{4.10}$$

根据电化学理论，进一步得到唯象系数与互扩散系数的表达式。在已知电导率和示踪扩散系数的基础上，得出了唯象系数 L_{ij} 和各阳离子间的互扩散系数。很明显，他们所研究的体系并不属于稀溶液的范畴，对本构关系的这种简化处理值得商榷。

根据线性非平衡态热力学和 Pelton 和 Baland 提出的活度系数理论，Ma 和 Ni[168]通过回归分析求得了 Fe－Si 二元系中 Si 的扩散系数与组分摩尔分数间的关系式为

$$D = 2.7758\left(\frac{28.09x_{Si}}{55.85(1-x_{Si})}+1\right)(1+12.6x_{Si}-16.0x_{Si}^2-1.68564) \tag{4.11}$$

与实验结果比较表明，在一定范围内，该式能很好地用于扩散系数的预测。必须注意，他们并没有阐明基于非平衡态热力学推导的扩散系数关系式(4.11)的物理意义。

B　热扩散

对于仅存在导热和物质扩散的 a 组元体系，根据式(3.7)，有

$$\sigma_{ent} = -\frac{1}{T}\phi^{(3)}\cdot\nabla\ln T-\frac{1}{T}\sum_{i=1}^{a}J_i\cdot(\nabla\mu_i)_{T,P} \tag{4.12}$$

对二元系，类似上面对互扩散问题的推导，可有

$$\sigma_{ent}=-\frac{1}{T^2}\phi^{(3)}\cdot\nabla T-\frac{1}{C_2T}\left(\frac{\partial\mu_1}{\partial n_1}\right)_{T,P}J_1\cdot\nabla n_1 \tag{4.13}$$

从而有质量流的本构方程

$$J_1=-L_{1q}\frac{\nabla T}{T^2}-D^*\ \nabla n_1 \tag{4.14}$$

唯象系数 L_{1q}表征了热扩散现象,即 Soret 效应。

一般地,该效应并不明显,但是在温度梯度较大的情况下,该效应不能忽略不计。在冶金中,典型的情形有凝固前沿的组分偏析和高炉炉底死铁层中元素在纵向上的偏析。

C　表面流和质量扩散流间的耦合现象

一般情形下,由于化学反应和相间传输的存在,渣-金间的界面现象为非平衡状态。等温等压下,仅存在相间界面积变化和相间质量扩散的两相体系,其熵产生为

$$\sigma=\frac{\mathrm{d}A}{\mathrm{d}t}\frac{1}{T}(-\Delta H_\Gamma+T\Delta S_\Gamma)+\frac{J_m\Delta\mu_m}{T} \tag{4.15}$$

对于唯象方程 $J_m=\sum\limits_k L_{mk}X_k$,各流和力分别为 $J_1=\frac{\mathrm{d}A}{\mathrm{d}t}$,$J_2=J_m$,$X_1=-\Delta\Gamma$ 和 $X_2=\Delta\mu_m$ 。定态时 $J_1=\frac{\mathrm{d}A}{\mathrm{d}t}=0$,有

$$\Delta\Gamma=\frac{L_{12}}{L_{11}}\Delta\mu_m \tag{4.16}$$

由 $L_{21}=L_{12}$ 可得一般情形下

$$\Delta\Gamma=\frac{L_{12}}{L_{11}}\Delta\mu_m-\frac{1}{L_{11}}\frac{\mathrm{d}A}{\mathrm{d}t} \tag{4.17}$$

很显然,表面张力的变化 $\Delta\Gamma$ 与两相间组分 m 的化学位差 $\Delta\mu_m$ 和界面积的变化率 $\frac{\mathrm{d}A}{\mathrm{d}t}$ 有关。

对金属熔体 Fe-Si-O 与熔渣 $CaO-SiO_2-FeO$ 间的界面张力和相间 Fe 传输的关系所作的研究表明[169]，界面张力的变化行为可以很好地用表面流和质量流的耦合现象来解释，Fe 从金属熔体向渣中迁移时表面流随着 Fe 扩散流的增加而增加。

4.5.2 非线性非平衡态热力学在冶金过程研究中的若干应用实例

1 非线性非平衡态热力学的稳定性分析

当体系远离平衡区时，体系行为可以由式(3.1)～(3.7)来描述，在满足绝热近似的情况下，对质量、动量和热量传递过程，本构方程(3.5)～(3.7)可以简化为(3.16)～(3.19)。可以发现，即便是一维的情况，整个方程组也是相当复杂的。对非线性区体系行为的定性分析有助于掌握方程组解的变化情况，从而有助于了解远离平衡条件下体系的部分特性。

A 热力学分析

一般说来，对非线性区域体系的分析必须结合体系具体的动力学行为来进行，但热力学分析可以从原则上表明当体系远离热力学平衡和内部包含适当的非线性动力学步骤时有可能发生的分支现象。

在线性区，熵产生 $\vartheta=\int_V \sigma \mathrm{d}V>0, \frac{\mathrm{d}\vartheta}{\mathrm{d}t}\leqslant 0$，“=”对应于定态，$\vartheta$ 为一个 Lyapounov 函数。在非线性区，迄今为止，尚未找到一个普适的 Lyapounov 函数。将 $\frac{\mathrm{d}\vartheta}{\mathrm{d}t}$ 分成流的时间变化和力的时间变化两部分

$$\begin{aligned}\frac{\mathrm{d}\vartheta}{\mathrm{d}t}&=\int \mathrm{d}V\sum_k J_k\frac{\mathrm{d}X_k}{\mathrm{d}t}+\int \mathrm{d}V\sum_k X_k\frac{\mathrm{d}J_k}{\mathrm{d}t}\\&=\frac{\mathrm{d}_X\vartheta}{\mathrm{d}t}+\frac{\mathrm{d}_J\vartheta}{\mathrm{d}t}\end{aligned} \tag{4.18}$$

可以上证明，在线性区，$\mathrm{d}_X\vartheta\leqslant 0$；非线性区，如果边界条件与时间无关或为零流边界条件，则有$\frac{\mathrm{d}_X\vartheta}{\mathrm{d}t}\leqslant 0$，“=”适用于定态。这就是所谓

的一般发展判据(the general evolution criterion)。在此基础上,定义超熵产生

$$\delta_X \vartheta = \int \mathrm{d}V[\sum_k \delta J_k \delta X_k] \tag{4.19}$$

在更严格的意义上,可证明 $\delta_X \vartheta$ 可看作一个 Lyapounov 函数。

布鲁塞尔学派基于无限小扰动的等温等压体系,得扰动对体系偏离定态熵的相对值的二级项 $\delta^2 S = -\frac{1}{T}\int \mathrm{d}V \sum_{i,j}\left(\frac{\partial \mu_i}{\partial n_j}\right)_s \delta n_i \delta n_j \leqslant 0$,在固定边界条件或恒流边界条件下,有

$$\frac{\mathrm{d}}{\mathrm{d}t}\left(\frac{1}{2}\delta^2 S\right) = \delta_X \varphi \tag{4.20}$$

因而 $\delta^2 S$ 可看作一个 Lyapounov 函数。当 $t \geqslant t_0$ 时,对于参考态总有 $\frac{\mathrm{d}}{\mathrm{d}t}\left(\frac{1}{2}\delta^2 S\right) > 0$,则参考态是渐近稳定的;如果 $\frac{\mathrm{d}}{\mathrm{d}t}\left(\frac{1}{2}\delta^2 S\right) < 0$,则参考态是不稳定的;如果 $\frac{\mathrm{d}}{\mathrm{d}t}\left(\frac{1}{2}\delta^2 S\right) = 0$,则参考态是临界稳定的。

由以上可以看出,无论是超熵产生 $\delta_X \vartheta$ 还是扰动对体系偏离定态熵的相对值的二级项 $\delta^2 S$,作为 Lyapounov 函数,都具有极其苛刻的条件,并不具有一般意义上的热力学位函数性质。

B　动力学稳定性分析

动力学方程的稳定性分析可以帮助人们去发现可能发生分支现象的具体条件。一般而言,体系的动力学行为可以用下面的反应-扩散方程来描述

$$\frac{\partial X_i}{\partial t} = f_i(\{X_i\},\lambda) + \nabla \cdot j_i \quad i,\ j = 0,1,2,\cdots \tag{4.21}$$

式中 $f_i(\{X_i\},\lambda)$ 代表一切并非由传输过程引起的生灭过程,j_i 代表所有传输过程的流。基于线性稳定性理论所进行的线性稳定性分析,可以对满足反应扩散方程的体系进行远离平衡条件下的动力学

稳定性分析。但是冶金过程中，许多过程都是在流动体系中进行的，描述其动力学行为的方程必然存在对流项，从数学上讲，其稳定性分析的难度要大得多。因此非线性非平衡态热力学的稳定性分析在冶金过程研究中的应用目前也近局限于热力学方面，针对两个实例下面将对其应用情况作简单介绍。

2 冶金过程研究中非线性非平衡态热力学的热力学稳定性分析

A 电解过程与耗散结构

对电解过程，定义典型的流和力为

$$J = v = \frac{I}{nF} \tag{4.22}$$

$$X = nF(E - E_r) \tag{4.23}$$

过程的熵产生为

$$\sigma_{ent} = \frac{JX}{T} = \frac{I}{T}(E - E_r) \tag{4.24}$$

超熵产生为

$$\frac{\mathrm{d}\left(\frac{1}{2\delta^2 S}\right)}{\mathrm{d}t} = \int \frac{\mathrm{d}V}{T} \sum_{\rho} \delta J_{\rho} \delta X_{\rho} \tag{4.25}$$

一般情况下，$E-I$ 呈典型的非线性特征。在工业电解过程中，$I \ll I_d$（极限电流值），从而可将 $E-E_r$ 处理为 I 的线性形式，即大部分工业电解过程近似为线性不可逆过程。

对于阳极钝化曲线

线性区：δX_{ρ} 与 δJ_{ρ} 同号，因此超熵产生大于零，从而定态总是稳定的；

非线性区：δX_{ρ} 与 δJ_{ρ} 异号，定态不稳定。在电压位于一定范围内，可出现阳极极化的空间耗散结构和电流的时间耗散结构[170-173]。

B $CO-CO_2$ 气体与铁液间的非平衡态过程

对于化学反应而言，线性关系只有在化学反应十分接近化学平

衡的条件下才适用，大多数情形下，为一典型的非线性不可逆过程。以最简单的对恃反应为例

$$M \leftrightarrow N \tag{4.26}$$

反应速率与化学亲和势间的关系如下：

$$\Lambda^{0} = ak_{1}\left[1 - \exp\left(-\frac{A_{l}}{RT}\right)\right] \tag{4.27}$$

将上式右边作 Taylor 展开后，可见在近平衡区反应速率才与化学亲和势成一次线性近似。

由相律可知，等温等压下，$CO - CO_2$ 气体与铁液间的非平衡态过程可以用下面三个独立反应来描述

$$CO_2 + C = 2CO \tag{4.28a}$$

$$CO = [C] + [O] \tag{4.28b}$$

$$[O] = \frac{1}{2}O_2 \tag{4.28c}$$

其超熵产生为

$$\frac{\mathrm{d}\frac{1}{2}\delta^{2}S}{\mathrm{d}t} = \int \frac{\mathrm{d}V}{T}\sum_{\rho}\delta J_{\rho}\delta X_{\rho} \tag{4.29}$$

且有 $\Lambda_1^0 = k_1 AX - k_{-1}B^2 \quad A_1 = A_{10} + RT\ln(AX^2/B^2)$ (4.30a)

$$\Lambda_2^0 = k_2 B - k_{-2}XY \quad A_2 = A_{20} + RT\ln(B/XY) \tag{4.30b}$$

$$\Lambda_3^0 = k_3 Y - k_{-3}C^{1/2} \quad A_3 = A_{30} + RT\ln(Y/C^{1/2}) \tag{4.30c}$$

其中 X、Y 代表 C 和 O 的活度，A、B 和 C 分别代表 CO_2、CO 和 O_2 的分压。又

$$\sum_{\rho}\delta J_{\rho}\delta X_{\rho} = R\left[\frac{k_1 A(\delta X^2)}{X} + k_{-2}\frac{(X\delta Y + Y\delta X)^2}{XY} + k_3\frac{(\delta Y)^2}{Y}\right] > 0 \tag{4.31}$$

这表明该体系的定态为稳定的。

由于 $CO-CO_2$ 气体与铁液间的反应在感应加热和搅拌的条件下发生，有理由认为熔体中 C、O 均匀分布，只有气相中才可能存在浓度边界层。如果不考虑组分 O_2，此体系可用反应(4.28a)、(4.28b)描述。Tao 等[103, 104]和 Susa[105]对此体系进行的非线性动力学模拟表明，化学反应为此体系的控制性环节，气体扩散过程可予忽略。但是所作的模拟仍基于化学动力学。

实际冶金过程涉及多相高温的流体，必须考虑流动、温度、相间传质和化学反应等的耦合效应，进行三维数值模拟，才能更深入地理解过程的物理本质，得出更接近实际的结果，更好地指导实践。

4.6 本章小结

以纯净钢(超低碳钢和超低硫钢)的真空循环(RH)精炼为例，说明了冶金过程的非线性和非平衡性特征，分析了冶金反应工程学和非平衡态热力学的异同，讨论了基于非平衡态热力学和冶金反应工程学的观点、原理和方法研究和处理实际冶金过程的必要性和可行性。指出：为真实地定量描述实际冶金过程，必须充分考虑其非平衡性和非线性的特点；非平衡态热力学在冶金领域应该和能够发挥其作用，应该加强、加速开展和进行冶金过程非平衡态热力学及其应用的研究。对非平衡态热力学线性区的几种特殊情况进行了本构关系、交互作用系数和唯象系数的分析，并简要介绍和评述了在这方面冶金工作者已经开展的工作；从热力学稳定性分析出发，介绍了非线性非平衡态热力学理论在电解和碳氧反应两个冶金过程中的应用，并指出其不足之处。

4.7 本工作的研究目的和内容

鉴于冶金过程和体系的特点，研究冶金过程和体系时，必须引入传输原理；实践已经并将进一步证明，数学和物理模拟是行之有效的研究方法。对此，现已为人们普遍认识、理解和接受。但是，从本质上看，实际精炼过程具固有的非线性和非平衡性。如欲对之有更深入的了解，必须同时运用非平衡态热力学的观点、原理和方法。非平衡态热力学对研究有多个相互作用的过程同时发生的情况尤为适用，反应工程学和非平衡态热力学两者有共同的基础结合点和很强的互补性。化学界、物理学界和工程传热界的众多实践和成功经验表明，把两者的原理和方法结合起来研究钢液真空循环精炼非平衡脱碳过程既十分必要，且更为有效。值得再次强调指出的是，在以往对冶金过程的研究中，人们总是通过各种假设有意无意地将其界定在非平衡态的线性区。随着非线性非平衡态热力学在理论和实践上的成功突破，近年来，冶金界已经注意到实际冶金过程的非线性和非平衡性，并开始和加强这方面的研究。计算方法和计算机模拟技术已经更趋成熟，所拟采用的测试技术和方法都是有效和相当先进的，这也为本工作的开展提供了有力的保证。

本工作的研究目的为：从冶金反应工程学和非平衡态热力学的原理和方法出发，充分考虑钢液真空循环精炼中脱碳过程的非线性和非平衡性，探索和搞清真空循环精炼条件下脱碳过程的本质和内在规律，不同操作条件、工艺及几何参数等的影响，研制更切合实际的新一代数学模型，更精确地定量描述非平衡的实际过程，为钢液真空循环精炼和超低碳钢冶炼工艺的改进及过程控制提供更可靠和更有效的理论依据和模型基础。

本工作的研究内容包括：

(1) 考察和研究多功能 RH 精炼过程中吹气管孔径对钢液流动和混合特性的影响，包括环流特性和混合特性的研究和测定，流场的分析和考察等；

(2) 研制钢液真空循环精炼件下气-液两相流动的数学模型，包括两相流特性的研究、控制方程和边界条件的确立和等截面喷枪气体出口特性参数的研究等；

(3) 研制钢液真空循环精炼条下非线性非平衡脱碳过程的数学模型,包括控制方程的建立、边界条件的确定、脱碳机理的研究和黏性剪切和杂质元素扩散过程对脱碳过程的影响的考察和分析等。

本章符号说明

A	相间界面积/m^2
A_l	反应亲和力/(J/mol)
C_a	组分 a 的体积摩尔浓度/(mol/m^3)
D_{ab}	组分 a、b 的互扩散系数/(m^2/s)
D_i^{tr}	组分 i 的示踪扩散系数/(m^2/s)
E	电解电压/V
Er	可逆电动势/V
F	Farady 常数
ΔH_Γ	表面焓变/(N/m), $\Delta H_\Gamma = \Delta\Gamma - T\dfrac{\partial\Delta\Gamma}{\partial T}$
I	电解电流/A
J_i	组分 i 的质量流率/($kg/m^2 \cdot s$)
L_{is}	非平衡过程 s 对 i 作用的唯象系数
M_i	i 组分的摩尔质量/($\times 10^{-3}$ kg/mol)
n	离子电价
n_i	i 组分的摩尔数/mol
P	流体静压力/(N/m^2)
R	气体常数/(J/mol·K)
ΔS_σ	表面熵变/(J/K), $\Delta S_\sigma = -\dfrac{\partial\Delta\Gamma}{\partial T}$
t	时间/s
T	绝对温度/K
v	电解反应速率

V	体系的体积/m^3
x_i	组分 i 的摩尔分数
Γ	表面张力/(N/m)
δ	由涨落或外界扰动引起的对平衡态的微小的任意形式的偏离
δ_{ij}	Dirichlet 函数
ϑ	熵产生，$\vartheta = \int_V \sigma \mathrm{d}V > 0$
Λ_l^0	反应速率/(mol/m^3 · s)
μ_i	组分 i 的化学势/(J/kg · mol)
σ_{ent}	单位体积组分 a 的熵产生/(J/K · s · m^3)
$\phi^{(3)}$	与导热过程有关的热流
∇	Hamilton 算子

第五章　吹气管直径对 RH 精炼过程中钢液流动和混合特性的影响

如前所述对于 RH 装置，其所有功能都与钢液的流动和混合特性密切相关。作为 RH 精炼过程最关键的工艺参数，冶金工作者已对钢液的环流量和混合时间作了广泛的研究[13, 49-66, 68, 71, 86, 143]。然而有关吹气管直径对环流量的影响，报道甚少[54]，而其对混合时间的影响，则未见报道。Kamata 等[54]以 1 支直径 3 mm 的吹气管代替 4 支直径 1 mm 吹气管研究了吹气管直径对 RH 精炼过程中钢液环流量的影响。这种做法存在明显的不合理因素。他们所采用的实验装置和条件也与实际过程相去甚远。本工作针对 90 t RH 装置，利用水模拟考察了吹气管直径的变化对精炼过程中钢液流动和混合特性的影响。

5.1　模型设计与装置

所建模型除与原型几何相似外还保持两者液流的 Fr 数相等，以达到两者液流的运动相似。根据具体条件，设计和建立了线尺寸为原型（90 t RH 装置）1/5 的 RH 模型装置（包括钢包）。为消除圆形钢包内的流态因折光而引起的观察畸变，在模型钢包外套以长方体有机玻璃水箱，其内液面高度与钢包液面相齐平。除吹气管直径由 0.8 mm改为 1.2 mm 外，其他部分与文献[15]中所述的模型装置完全相同。这样，模型与原型下降管内液体的体积流量及速度的关系为：

$$Q_m = (1/5)^{2.5} Q_p \qquad (5.1)$$

$$U_m = (1/5)^{0.5} U_p \tag{5.2}$$

模型装置及主要尺寸如图 5.1 所示。上升管及下降管内径各有 5、6、7 三种。上升管吹气管分两排,每排均匀分布 4 个孔,上下孔交错排列,相互间夹 45°角,孔径为 1.2 mm。环流管脚浸入钢包液深为 100 mm。模型总水量为 1 071,相当于处理 100 t 钢液。按相似准则,模型真空室内压力为 9.84×10^4 Pa。为保证在高环流量下气泡不致被直接带入下降管而造成真空室内的短路,全部实验均保持真空室内的压力为 9.79×10^4 Pa。实验表明,真空室内的压力由 9.84×10^4 Pa 改为 9.79×10^4 Pa 后,环流量几乎不变。因而,在一定范围内真空度对环流量的影响可予忽略不计。这意味着本工作将真空室内的压力由 9.84×10^4 Pa 改为 9.79×10^4 Pa 是可行的。

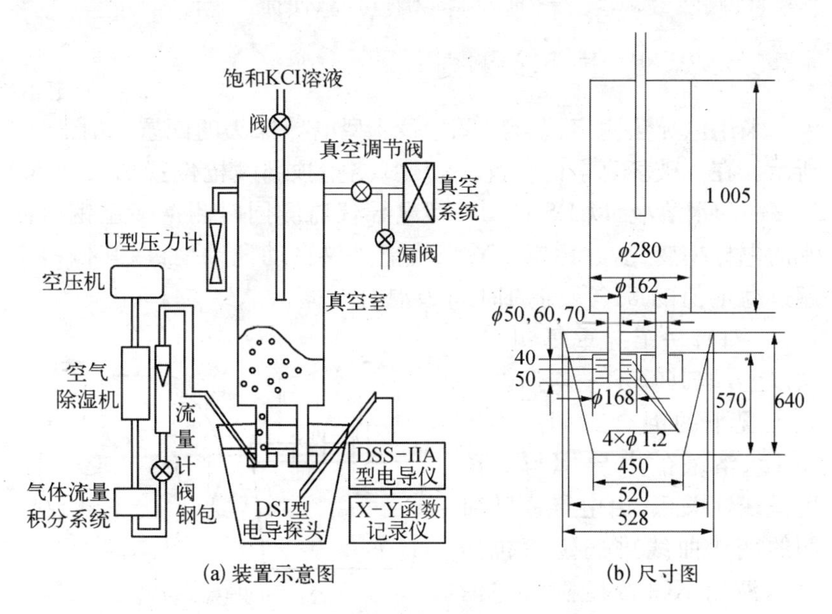

图 5.1 RH 水模拟实验用模型装置示意图和尺寸

5.2 测量方法

5.2.1 环流量的测定

采用图 5.2 所示的系统直接测定环流量。在模型钢包的下降管下方放置一个有机玻璃桶，待真空度和吹气量稳定后，调节调节阀 4 以调整水流量，当该桶内的液面与模型钢包内液面齐平时，转子流量计显示的流量值即为该工况下的环流量。与前述的其他测量方法相比，这种测量环流量的方法更为精确、可靠、便捷。

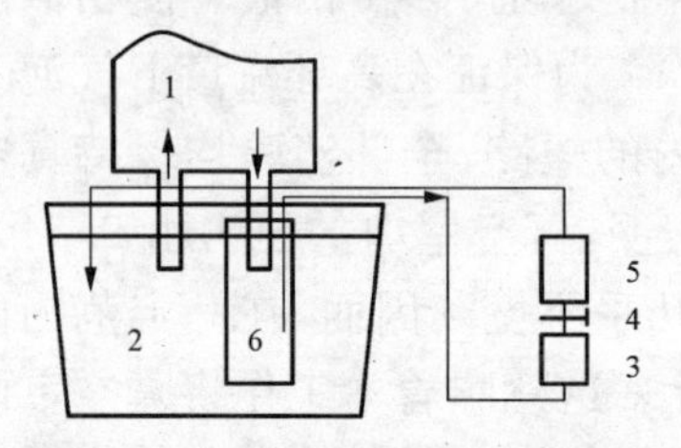

图 5.2 环流量测定系统示意图

1—真空室 2—钢包 3—水泵
4—调节阀 5—流量计 6—有机玻璃筒

5.2.2 混合时间的测定

采用电导法测定混合时间。DSJ 型电导探头的配置，如图 5.3 所示。在不破坏真空的情况下，从真空室顶部喷枪位置加入 20 ml KCl 饱和水溶液，以 DSS－IIA 型电导仪监测同时测量模型钢包内水的电导率变化，并由 X－Y 函数记录仪自动记录之，取其偏差不超过稳定值的 5%所需的时间为混合时间 τ_m[174-177]，即定义 τ_m 为 $\tau_{0.95}$。对每一工况重复测定 5 次以上，取其算术平均值作为该工况下的混合时间。鉴于 KCl 水溶液的电导率与其浓度呈线性关系，由电导率随时间的变化曲线可确定钢包内水溶液的 KCl 浓度随时间的变化规律。

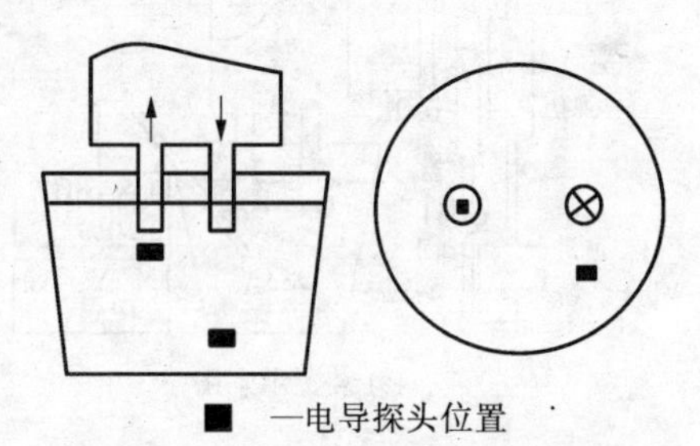

图 5.3 混合时间测定位置示意图

5.2.3 钢包内液体流态的显示

由SLV—20型扫频可调激光发生器提供红外激光片光源(本工作所选用的发射频率为50 Hz)。考虑对示踪粒子的密度、跟随性和反光性等要求,以直径1 mm、密度0.97 g/cm^{3}聚苯乙烯塑粒子作为示踪剂。在这些条件下,显示、观察和拍摄了钢包内液体的流动状况和流态,并用录像机记录了整个实验过程。

5.2.4 流量计示值的修正

流量计使用时的流体和状态,往往与流量计分度时的流体和状态不同,因此,使用时读取的流量计示值,并不是流过流量计的流体的真实流量,必须对示值按使用时的流体和状态进行修正,才能得到正确的流量。

一般地,液体流量计用水标定,气体流量计用空气标定,示值按标定状态(水20℃;空气20℃,1.013 25×10^5 Pa)的体积流量分度。因此,修正均以标定状态分度为准。

测量环流量时,测量对象为水,温度在20～28℃之间波动,与流量计的标定状态很接近,无需校正。

测量气体时,根据式

$$Q_S = Q_n\sqrt{\frac{\rho_n P_n T_S Z_S}{\rho_{Sn} P_S T_n Z_{Sn}}} \tag{5.3}$$

对流量计的读数进行修正。

5.3 结果及讨论

5.3.1 吹气管直径对环流量的影响

图5.4(a)为实验得到的不同插入管内径下环流量与吹气量的关系。由实验数据得:

$$Q_l = 1.68 Q_g^{0.22} D_u^{0.74} D_d^{0.92} \tag{5.4}$$

总体而言，本工作所得的结果与文献[1～15]中给出的环流量变化规律是一致的，环流量随插入管内径和提升气体流量的增大而增加。由式(5.4)可见，下降管内径对环流量的影响比上升管内径的影响要

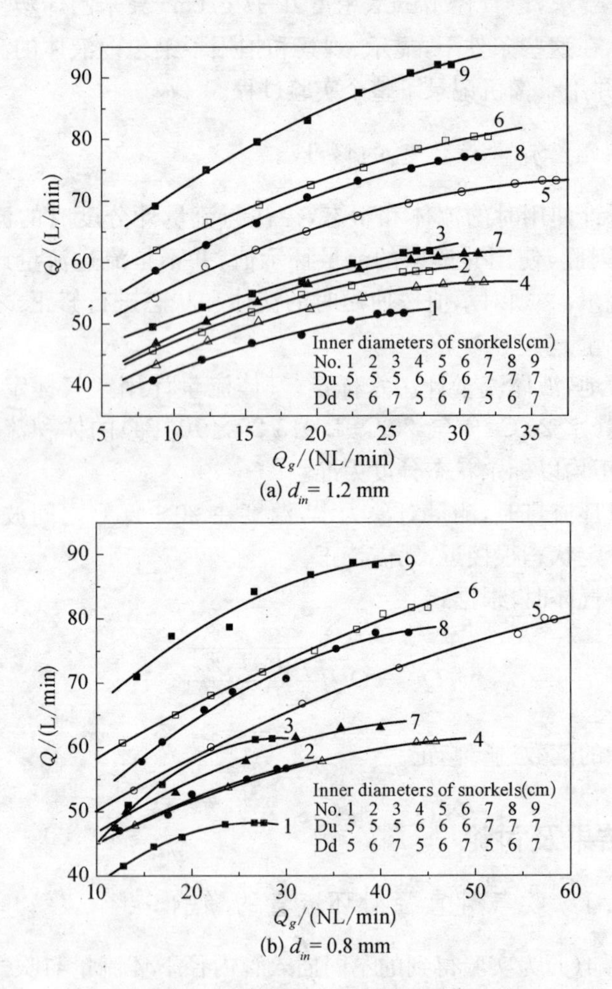

图 5.4 环流量和吹气量间的关系

大些，这可由上升管内流体的流动特点来解释。随提升气体流量的增大，上升管内液体的含气率增大，相应的驱动力增大；但在大吹气量下，气体占据了相当大部分的体积，相应地，对液体而言，上升管的有效直径减小，其影响必然减弱。同时，由于一定条件下上升管内钢液的含气率存在一饱和值，因而插入管内径一定时，吹气量增大至一定程度，环流量会达到一定值，此即所谓的饱和环流量。

图 5.4(b)表示其他工况相同、吹气管直径为 0.8 mm 时环流量随吹气量的变化[62]，相应的环流量计算式为

$$Q_l = 1.88 Q_g^{0.26} D_u^{0.69} D_d^{0.80} \tag{5.5}$$

与图 5.4(a)相比较可以看出，在相同的插入管内径和提升气体流量下，增大吹气管直径，环流量有所增大，相应地，曲线上的饱和点明显左移，但饱和环流量的变化并不显著。这与 Kamata 等[54]的实验结果不同。注意到所用的实验装置和条件，本工作所得结果当能更合理地反映吹气管直径对环流量的影响。

综合图 5.4(a)和(b)，考虑吹气管直径的影响，相应的环流量计算式为：

$$Q_l = 2.40 Q_g^{0.23} D_u^{0.72} D_d^{0.88}\ d_{in}^{0.13} \tag{5.6}$$

在实际 RH 精炼过程中，吹气管直径由 4 mm 增至 6 mm，不仅使环流量有所增大，有利于精炼过程的进行，而且可有效防止部分吹气管被堵。

5.3.2 吹气管直径对 RH 钢包内液体流态的影响

图 5.5 为吹气管直径为 1.2 mm 时给定工况下钢包内两个纵断面上液体的流态。由图 5.5(a)可见，流股从下降管出口流出后径直冲向钢包底部，在包底处流向周壁，其中大部分沿包壁上升，在下降管正下方形成一个大的旋涡，由该旋涡抛出的液体在上升管气泡泵的抽引下进入真空室，从而完成一次完整的循环流动。图 5.5(b)显示，来自下降管的下降液流还在其两侧形成两个稍小的旋涡。除大

的主回流外，钢包内其他部分还分布着许多小涡流。这些大回流和小涡流决定着 RH 钢包内的混合和传质特性。

此外，下降管液流与其周围液体间存在一界面层，为典型的液液两相流。在下降液流和周围液体间必定存在动量、能量和物质的交换，且其传递速率受液液两相流的规律所制约，小于整体上的紊流状态。在钢包内液面附近，特别是下降管周围和两插入管之间的区域，液体不很活跃，为流动的死区。这些都表明，钢包内液体并不处于完全混合状态。

(a) 通过两插入管轴线的对称面

(b) 通过下降管轴线并与对称面垂直的纵剖面

图 5.5　RH 模型钢包内液体的流态 ($D_u = D_d = 60$ mm, $Q_g = 27.2$ NL/min)

与直径 0.8 mm 的吹气管下得到的流场相比[62]，增大吹气管直径，相应部位仍然存在大涡和大量的小涡，并未明显改变钢包内液体的流态。

5.3.3　吹气管直径对混合时间的影响

图 5.6 所示为吹气管直径为 0.8 和 1.2 mm 时模型钢包内混合时间和吹气量的关系。随着吹气量的增加，混合时间明显缩短。基于式(5.4)，以搅拌功率密度表示搅拌强度，由 5、6、7 cm 三组插入管

内径下的数据得如下关系，

$$\tau_m \propto \varepsilon^{-0.49} \tag{5.7}$$

这里，搅拌功率密度 ε 为

$$\varepsilon = 0.375(Q_l^3/D_d^4)/w。$$

式(5.7)与加藤等[63]的关系式相近，亦位于浅井等[86]给出的范围内。

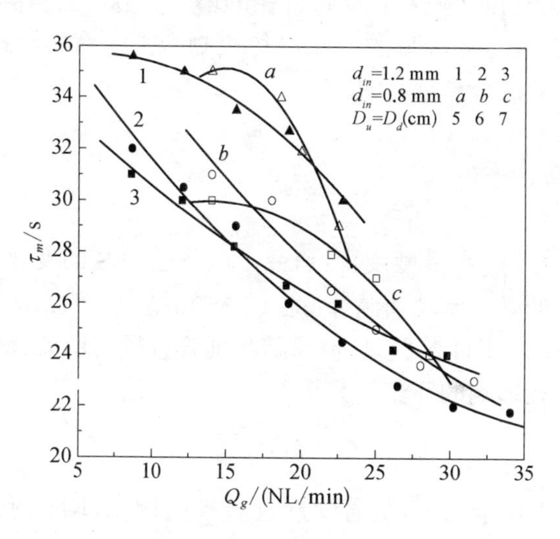

图 5.6　吹气管直径为 0.8 和 1.2 mm 时混合时间和吹气量间关系

结合图 5.4 和式(5.7)，对于给定的液体量，影响搅拌功率密度的主要因素有环流量和下降管内径。环流量随着吹气量的增加而增大，使搅拌功率密度增大，混合时间缩短。对下降管内径而言，在其他因素保持不变的情况下，随着其增加，尽管可使环流量增大，然而下降管流速相应减小，不利于搅拌能的提高。如图 5.6 所示，在相同的吹气量下，模型腿径由 5 cm 增大到 6、7 cm 时混合时间显著缩短，而腿径为 6、7 cm 时，两种吹气管直径下的混合时间基本相同，差异不大。因此，单纯扩大腿径，未必能获得最好的混合效果，对具体的 RH

装置，应当有一最好的腿径范围。在实际生产过程中，随着下降管的不断侵蚀和磨损，内径会逐渐扩大，对该 90 t RH 装置，吹气管径为 4、6 mm 时，300 mm 的腿径均是较合理的。

吹气管径为 0.8 mm 时，混合时间和搅拌功率密度的关系为[62]

$$\tau_m \propto \varepsilon^{-0.50} \tag{5.8}$$

如图 5.6 所示，随着吹气管直径的增大，相同的操作条件下混合时间略有缩短，与环流量的变化趋势相吻合。这对实际操作过程中钢包内液体的混合是有利的。

5.4 本章小结

利用 1∶5 的水模型装置，研究了吹气管直径的变化对 90 t RH 装置内钢液的循环流动和混合特性的影响，结果表明：

(1) 对 90 t RH 装置，环流量随吹气管直径的增大有所增大。考虑吹气管直径影响的环流量关系为：

$$Q_l \propto Q_g^{0.23} D_u^{0.72} D_d^{0.88} d_{in}^{0.13}$$

(2) 本工作条件下，随着吹气管直径的增大，RH 钢包内液体流态基本不变。

(3) 本工作条件下，随着吹气管直径的增大，混合时间略有缩短；混合时间与搅拌能密度的关系为 $\tau_m \propto \varepsilon^{-0.49}$。

本章符号说明

d_{in}	吹气管直径/mm
D_u、D_d	上升管和下降管内径/cm
P_n、P_s	标定介质在标定状态下和被测气体在测量时的绝对压力/Pa

Q_m、Q_p	模型和原型液体的体积环流量/(L/min)
Q_g	提升气体吹入量/(L/min)
Q_l	环流量/(L/min)
Q_n	被测气体在标定状态下的体积流量/(L/min)
Q_s	被测气体在测量时的体积流量/(L/min)
T_n、T_s	标定介质在标定状态下和被测气体在测量时的绝对温度/K
U_m、U_p	模型和原型下降管内液体流速/(m/s)
w	钢包中的液体质量/kg
Z_s	被测气体测量状态下(P_s、T_s)的压缩系数
Z_{sn}	被测气体在标定状态下的压缩系数
ε	搅拌能密度/(W/t)
ρ_n、ρ_s	标定介质和被测气体在标定状态下的密度/(kg/m^3)
τ_m	混合时间/s

第六章　真空循环精炼过程中钢液流动的数学模拟

随着对超纯净钢需求的不断增长，真空循环（RH）精炼过程，在相当大程度上，已成为钢液降碳去气的主要操作，是低碳和超低碳钢生产流程中一个必不可少的组成部分。为改善和优化精炼工艺，强化脱碳，促进夹杂的凝聚和上浮去除，业已对 RH 精炼过程中钢液的流态、环流量、混合时间和脱碳速率等做了大量研究。所有这些研究都会涉及流体的流动，钢液的循环流动状态和特性始终是 RH 精炼技术研究的一个基本课题。

如前所述，很多研究者对 RH 精炼过程中钢液流动的数学模拟作过研究。不考虑真空室内钢液的流动，直接给定上升管和下降管内流体的流速，Nakanishi 等[68]和 Shirbe 等[178]分别于 1975 和 1983 年提出了 RH 装置钢包内钢液流动的二维数学模型。由于 RH 装置的非轴对称性，所得的结果并不能合理反映 RH 钢包内钢液流动的实际情况。对插入管和真空室内流体的流动采取同样的处理方法，Tsujino 等[69]，Szatkowski 等[70]，Kato 等[71]，Filho 等[72]，Ajmani 等[179]以三维数学模型处理了钢包内钢液的流动。相对而言，得到的结果都要比二维数学模型的估计更接近实际情况，显示下降管和上升管之间并不存在所谓的短路现象。在 RH 精炼过程中，作为整个装置唯一的动量源，上升管内的气液两相流对钢液的流动起着决定性的作用，而钢包内钢液的流动与真空室和插入管内钢液的流动是不可分割的，因而他们所得结果只能是定性的。另外，脱碳过程主要发生在真空室和上升管内，他们的结果难以被应用于该脱碳过程的数学模拟。一些研究者[73-76]基于气液准单相模型，建立和求解了整个 RH 装置内钢液流动的数学模型。应用准单相（均相流）模型描述气液两相区的基本前提是必须精确给出气液两相区的形状和位置，以及相应的液相含气率。对于单股的气液两相流，已作过广泛的理论和实验研究[87, 89-91]，其结果为不少研究者所采用[73-76]。然而，对多流股水平喷吹的研究结果表明，其液相含气率和两相区的形状与单流股下的情况有很大差异[180]。另外，由于存在较大的密度差，气泡和液体间有较大的相对速度，这势必会对液体的流场产生相当大的影响。采用双流体(Eulerian-Eulerian)模型[181]可有效地克服使用均相流模型的这些缺点，应用该模型于垂直喷吹[182-185]和包括 AOD 精炼在内的水平侧吹过程[182, 186]均取得了较好的结果。

就气体喷吹操作而言，RH 精炼当属水平侧吹过程。在 RH 精炼过程中，钢液由于上浮气泡的提升作用而发生循环流动。实际上，气液两相区是由气泡弥散于钢液内而形成的。为表征这种行为特性，将该体系看作气液两相混合物。根据双流体模型的概念，气液两相分别为具有明显边界的不同的连续相，通过有限的相间界面彼此相互渗透，相互作用，但并不互溶。本工作把钢包、插入管和真空室视为一个整体，从双流体模型出发，建立了 RH 精炼过程中钢液流动的三维数学模型，并应用该模型对 90 t RH 装置及线尺寸为其 1/5 的水模型装置内流体的流动作了模拟和估计。

6.1 基本假设

对 RH 精炼过程中整个装置内流体的流动作如下基本假设：(1) 同一计算单元内气液两相承受的压力相同；(2) 液体自由表面是平滑的，气泡可通过该面与液相分离；(3) 气泡尺寸均匀；(4) 把湍流限定为液相的性能，且可采用修正的 $k-\varepsilon$ 双方程模型描述之，相应的经验常数可取为单相流下的值；(5) 可通过对液相湍动能和湍动能耗散率的传输方程的修正来考虑气泡的弥散和气相对液相湍流的促进作用；(6) 可以界面曳力，即界面摩擦力表征气液两相间的动量传输；(7) 忽略气液两相流的体积变化，在壁面处均无滑移；(8) 体系处于稳态湍流。

应当指出，气泡具有均匀的尺寸和平滑的液体自由表面是这类研究中常作的假设。但是，这些假设显然是相当粗糙的简化，与实际情况相去甚远。为考察双流体模型对钢液 RH 精炼过程的适用性和便于与以往的结果相比较，本工作仍保留这两个假设。另外，对上升管区段而言，忽略气液两相流的体积变化也不尽合理，在不考虑化学反应的情况下，这意味着上升管内各水平截面上的平均含气率基本不变，但这当不会改变所得结果的基本特征，并便于将考察的重点置于双流体模型对钢液 RH 精炼过程的适用性。

6.2 控制方程

基于上述假设，对 RH 装置内流体的流动，相应的控制方程可表述如下：

6.2.1 相连续性方程

$$\nabla \cdot (r_j \rho_j \vec{U}_j) - \nabla \cdot (\Gamma_r \nabla r_j) = 0 \tag{6.1}$$

上式第二项为气液相界面随机运动所产生的湍流扩散质量源，Γ_r 为与湍流涡黏度 μ_t 相关的相扩散系数

$$\Gamma_r = \mu_t / \sigma_d \tag{6.2}$$

对眼下的水平射流，弥散相 Prandtl 数 σ_d 的值为 1。由于两相完全占据整个计算域，相应的体积分数之和为 1，$r_1 + r_2 = 1$。

6.2.2 相动量守恒方程

$$\nabla \cdot (r_j \rho_j \vec{U}_j \phi_j - r_j \mu_{eff} \nabla \phi_j - \phi_j \Gamma_r \nabla r_j)$$
$$= - r_j \nabla p + r_j \rho_j \vec{g} + S_{jP} \tag{6.3}$$

这里，单位体积相间动量源 S_{jP} 为

$$S_{jP} = F_{IP} (\vec{U}_i - \vec{U}_j) \tag{6.4}$$

其中 F_{IP} 是相间曳力系数[181]

$$F_{IP} = 0.75 C_d \rho_1 r_1 r_2 |\vec{U}_{slip}| / d_b \tag{6.5}$$

根据 Kuo and Wallis [187]的所谓“dirty-water”模型，C_d 与基于气泡尺寸及气液两相滑移（相对）速度 $|\vec{U}_{slip}|$ 的 Reynolds 数 Re 和 Weber 数 We 有关：

$$C_d = \begin{cases} \dfrac{16}{\mathrm{Re}} & \mathrm{Re} < 0.49 \\ \dfrac{20.68}{\mathrm{Re}^{0.643}} & 0.49 < \mathrm{Re} < 100 \\ \dfrac{6.3}{\mathrm{Re}^{0.385}} & 100 < \mathrm{Re} \\ \dfrac{We}{3} & \dfrac{2\,065.1}{\mathrm{We}^{2.6}} < \mathrm{Re} \\ \dfrac{8}{3} & 8 < We \end{cases} \tag{6.6}$$

Re 和 We 分别定义为

$$\mathrm{Re} = \rho_1 |\vec{U}_{slip}| d_b / \mu_1 \tag{6.7}$$

$$\mathrm{We} = \rho_1 |\vec{U}_{slip}|^2 d_b / \gamma \tag{6.8}$$

6.3 湍流模型

根据所作的假设，仅需对液相（即第 1 相）求解湍动能及其耗散率的传输方程，相应的双相 $k-\varepsilon$ 模型可表示为[188]：

k 方程

$$\nabla \cdot (r_1 \rho_1 \vec{U}_1 k - r_1 \Gamma_k \nabla k - k \Gamma_r \nabla r_1) = r_1 \rho_1 \left(\frac{G_k}{\rho_1} - \varepsilon \right) + r_1 G_{kb} \tag{6.9}$$

ε 方程

$$\nabla \cdot (r_1\rho_1 \vec{U}_1\varepsilon - r_1\Gamma_\varepsilon \nabla\varepsilon - \varepsilon\Gamma_r \nabla r_1)$$
$$= r_1\rho_1 \frac{\varepsilon}{k}(C_1 \frac{G_k}{\rho_1} - C_2\varepsilon) + r_1C_1G_{kb}\varepsilon/k \tag{6.10}$$

式(6.9)和(6.10)左边第三项表示相质量扩散所携带的湍动能扩散流，为弥散相对连续相湍动能的贡献，对扩散系数 Γ_k 和 Γ_ε，分别有：

$$\Gamma_k = \mu_l + \mu_t/\sigma_k \tag{6.11}$$

$$\Gamma_\varepsilon = \mu_l + \mu_t/\sigma_\varepsilon \tag{6.12}$$

湍流黏度和有效黏度分别为

$$\mu_t = C_\mu \rho_1 k^2/\varepsilon \tag{6.13}$$

$$\mu_{eff} = \mu_l + \mu_t \tag{6.14}$$

G_k 是由剪切力所引起的 k 的体积生成率，与 $k-\varepsilon$ 模型有相同的形式，G_{kb} 为气泡穿过连续相时曳力做功所致的 k 的生成率[189, 190]，

$$G_{kb} = 0.75C_bC_d\rho_1 r_1 r_2 |\vec{U}|^3_{slip}/d_b \tag{6.15}$$

由试算结果，本工作取经验常数 C_b=0.05。各有关的常数列于表 6.1。

表 6.1　计算用 $k-\varepsilon$ 模型中有关常数

C_b	C_μ	C_1	C_2	σ_k	σ_ε
0.05	0.09	1.44	1.92	1.0	1.3

6.4　边界条件

壁边界　在固体壁面处，速度分量满足无滑脱边界条件，相应的法向分量取为零。对壁面附近的区域采用壁函数法处理之。设 y 为垂直于固体壁面的方向，则点 y_p（$30<y_p^+<500$）处的平均速度满足如

下对数律：

$$\frac{U}{u_\tau}=\frac{1}{\kappa}\ln(Ey_p^+) \tag{6.16}$$

$$k=\frac{u_\tau^2}{\sqrt{C_\mu}} \tag{6.17}$$

$$\varepsilon=\frac{u_\tau^3}{\kappa y} \tag{6.18}$$

相应地摩擦速度和无因次距离分别为

$$u_\tau=\left(\frac{\tau_w}{\rho}\right)^{\frac{1}{2}} \tag{6.19}$$

$$y^+=\frac{\rho u_\tau y}{\mu} \tag{6.20}$$

自由表面　在自由表面处，允许气体以到达表面的速度离开。相应的恒定压力边界为：

$$\frac{\partial U_{1x}}{\partial z}=\frac{\partial U_{1y}}{\partial z}=\frac{\partial U_{2z}}{\partial z}=\frac{\partial f_2}{\partial z}=\frac{\partial k}{\partial z}=\frac{\partial \varepsilon}{\partial z}=0 \tag{6.21}$$

$$P=P_{ext} \tag{6.22}$$

入口　$r_1=0, r_2=1$。上升管中提升气体入口特性参数 U_{in}、T_{in} 和 ρ_{in} 的确定见下节。根据 Ilegbusi 等[185]的结果，气体入口湍动能及其耗散率为：

$$k=0.015U_{in}^2 \tag{6.23}$$

$$\varepsilon=\frac{94k^{1.5}}{D} \tag{6.24}$$

6.5　上升管中提升气体有关特性参数的确定

6.5.1　上升管中提升气体的入口参数

水模型　在水模拟实验条件下，供气管路对气体的摩擦效应很

小，可直接用下式计算提升气体的入口速度

$$U_{in} = \frac{Q_{gas}}{A_{Port}} \tag{6.25}$$

实际 RH 装置　图 6.1 为提升气体供气管路示意图。如图所示，气体从气包出来，流经输气总管和支管，进入吹气小管。

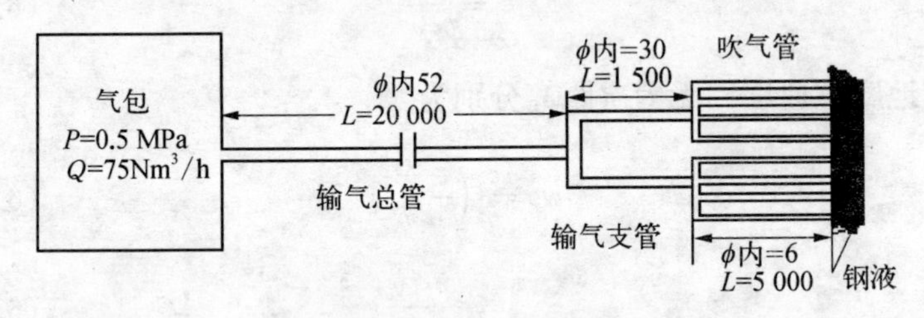

图 6.1　循环气体供气管路示意图(单位：mm)

对应于图 6.1，输气总管和输气支管内气体的流动特性可用 Bernoulli 方程描述之。基于文献[191]，流动过程中的各种能量损失(包括摩擦、扩张、阀门、管接头和弯头所致的损失)可予确定。

鉴于气体在吹气管内同时受到管壁的加热和摩擦作用，根据可压缩流体热力学和动力学及传热原理，可由下述方程组描述其流动特性：

$$\frac{dM^2}{M^2} = \frac{kM^2(1+(k-1)M^2/2)}{1-M^2}4f\frac{dx}{D} + \frac{(1+kM^2)(1+(k-1)M^2/2)}{1-M^2}\frac{dT_0}{T_0} \tag{6.26a}$$

$$T_{in} = \frac{T_m}{1+(k-1)M_m^2/2}\frac{T_{0in}}{T_{0m}} \tag{6.26b}$$

$$\rho_{in} = \frac{P_b}{P_m}\frac{T_m}{T_{in}}\rho_m \tag{6.26c}$$

$$U_{in} = M_{in}\sqrt{kRT_{in}} \tag{6.26d}$$

$$Q_N = \frac{\pi \rho_{in} U_{in} D^2}{4\rho_N} \tag{6.26e}$$

求解方程组(6.26)需确定的相关参数包括吹气管内壁温度、管壁的摩擦系数 f、气体的背压 P_b 和有关气体的物性参数,现分述如下:

(1) 管路内壁温度分布

可以认为管壁温度沿管长呈线性分布。本工作取

$$T = \begin{cases} 373 + 500\,\dfrac{x}{L}, & 0 < L < 4\,400 \\ 873 + 900\,\dfrac{x}{L}, & 4\,400 < L < 5\,000 \end{cases} \tag{6.27}$$

(2) 摩擦系数的确定

根据文献[192－194],本工作由尝试法得相应的摩擦系数为

$$f = \begin{cases} 0.007\,2, & 0 < L < 4\,400 \\ 0.006\,9 & 4\,400 \leqslant L < 5\,000 \end{cases} \tag{6.28}$$

(3) 背压的确定

根据 Wei 等[95, 96]的工作,取背压 P_b=0.099 38 MPa

(4) 气体物性参数

实际精炼过程中所用的提升气体为 Ar 气,物性参数(标态)为[191]

密　　度　ρ=1.634 3 kg/m^3

绝热指数　k=1.670

气体常数　R=208.13 J/(kg·K)

粘　　度　η=2.46×10^{-5} Pa·s

有必要说明的是,对于实际 RH 装置上升管中提升气体的入口密度,文献中最常见的做法是取钢液温度和气体入口处所受的静压力下按理想气体状态方程给出的值,这与实际情况必然有相当大的偏差。相比之下,这里所作的处理当更为合理。

6.5.2 液相内气泡的直径

如前所述，关于液相内气泡的直径，文献中已有很多报道，如[77, 78, 195]。气泡尺寸随与喷枪出口的距离呈梯度分布，最大的气泡(由喷嘴出来的小气泡聚合而成)从接近喷枪出口处上浮，在远离喷嘴出口处破碎成小气泡继续上浮，在这两位置之间各种尺寸的气泡分布于射流内部。对所考虑的模型和原型体系，参照以往的研究[95, 96]，根据提升气体用量，本工作分别取气泡的平均直径为8.5 mm和15 mm。

6.5.3 钢液对提升气体的加热效应

提升气体进入钢液后，在钢液的加热作用下，将发生膨胀而使密度降低。可由下式确定提升气体进入钢液后达到的温度：

$$\rho_g C_{P,g} V_{bubble} \frac{\mathrm{d}T_g}{\mathrm{d}t} = hA_{bubble}(T_{melt} - T_g) \tag{6.29}$$

Iguchi 等[196, 197]研究了冷气体喷吹条件下气泡和液体间的传热。发现气泡和液体间的热交换在喷嘴出口上方即几乎全部完成，传热的限制性环节为气泡内气体和液体间的换热，并得到如下无因次关系式

$$Nu_{mp} = 1.1[P_e/(1+B)]^{0.7} \tag{6.30}$$

本工作采用该式确定气泡和液体间的对流换热系数 h。

6.6 计算方案

基于 PHORNICS 计算软件，以控制体积法将微分方程离散化，采用高阶 van Leer 数值方案作为差分方案以减少数值扩散，以相间滑移算法(IPSA)[181]求解该双流体问题。整个计算域网格数，对原型和模型分别取为 53×44×53 和 50×42×50 ($X\times Y\times Z$)。

6.7 计算结果

以该数学模型模拟和估计了 90 t RH 装置及线尺寸为其 1/5 的水模型装置内流体的流场和上升管内液相的含气率。图 6.2 所示为 90 t RH 装置及其模型的一些剖面,其中 B-B 为通过两插入管轴线的纵剖面;C0-C0,C1-C1 和 C2-C2 为彼此相互平行并与 B-B 相互垂直、分别通过钢包、上升管和下降管轴线的纵剖面;A1-A1,A2-A2,A3-A3 和 A4-A4 分别为靠近钢包底部、插入管端、真空室底部和真空室内自由表面的横截面;A5-A5 和 A6-A6 分别为位于两排吹气孔之间和上方的上升管横截面。对应于图 6.2(a)和(b)中所示的 B-B、C1-C1、C0-C0 和 C2-C2 四个纵剖面,以及 A1-A1、A2-A2、A3-A3 和 A4-A4 四个横截面,该模型估计的模型装置内液体的流场分别示于图 6.3 和图 6.4 ($D_u = D_d = 60$ mm, $Q_g = 25$ NL/min);对应于原型的有关结果分别示于图 6.5 和图 6.6 ($D_u = D_d = 300$ mm, $Q_g = 600$ NL/min)。对应于图 6.2(a)中纵剖面 B-B,模型和原型装置液相的湍动能分布分别示于图 6.7 和 6.8。对应于图 6.2(a)中纵剖面 B-B 内上升管部位及图 6.2(c)中横截面 A5-A5 和 A6-A6,模型和原型装置内液相的含气率分别示于图 6.9 和图 6.10。

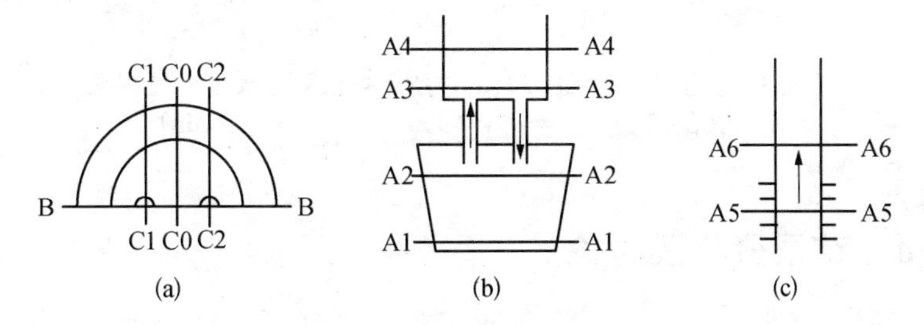

图 6.2 RH 装置的(a) 半俯视图(b) 过两插入管轴线的纵剖面 (c) 过轴线的上升管纵剖面示意图

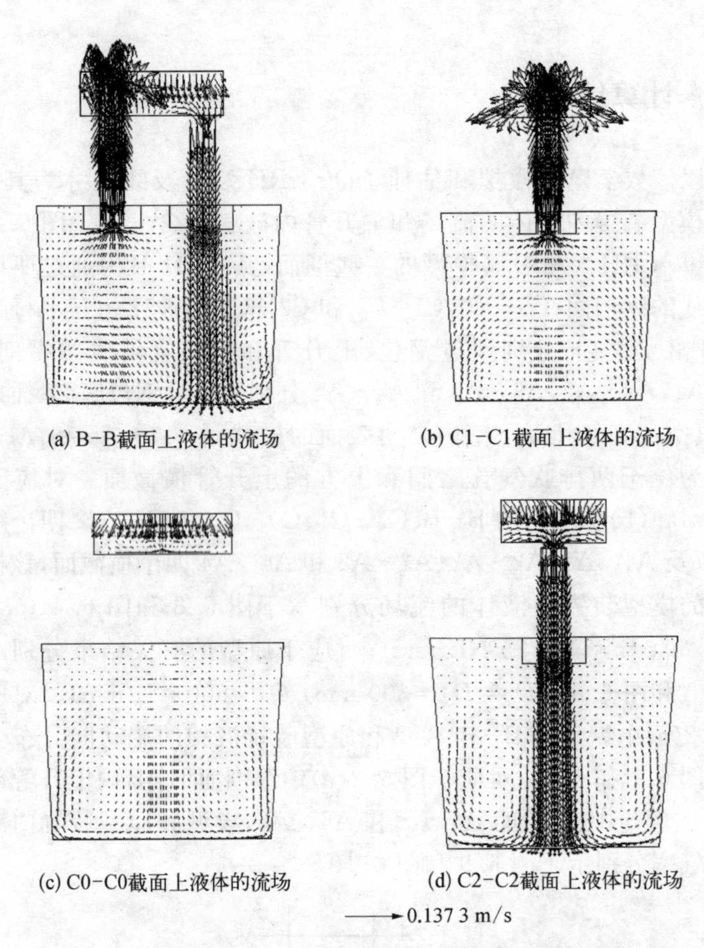

图 6.3　模型估计的图 6.2(a)中所示各截面上模型装置内液体的流场 ($D_u = D_d = 60$ mm, $Q_g = 25$ NL/min)

6.8　结果分析及讨论

由给出的以该模型计算得的 90 t RH 装置及其模型装置内有关截面上液体的流场(图 6.3～图 6.6)可以清楚地看到,在吹入上升管

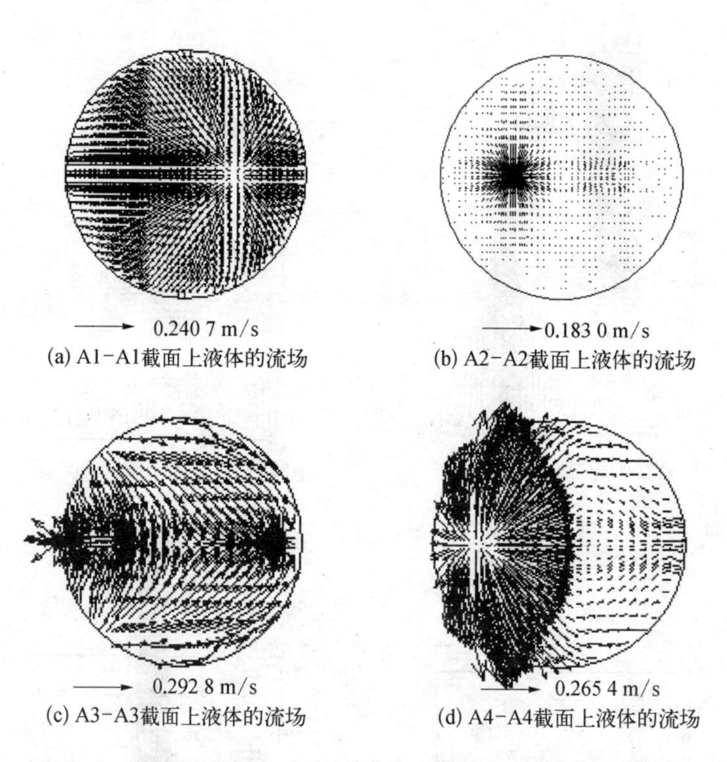

(a) A1-A1截面上液体的流场

(b) A2-A2截面上液体的流场

(c) A3-A3截面上液体的流场

(d) A4-A4截面上液体的流场

图 6.4 模型估计的图 6.2(b)中所示各截面上模型装置内液体的流场($D_u = D_d = 60$ mm, $Q_g = 25$ NL/min)

的气体的驱动下,钢液以不断增大的速度自钢包经上升管进入真空室,在真空室内钢液流速达最大值,并发生强烈的混合;之后钢液流向下降管入口端;由于在紊乱流动中能量的耗散,钢液流速减小,但仍然以相当大的速度经下降管进入钢包,径直冲至钢包底部,并沿钢包底部流向四周,再沿包壁上升,在上升管侧钢包液高的 2/3 左右处形成不少小回流后,其主体迂回流向上升管入口端,从而完成被处理钢液的一次循环流动。来自下降管的下降液流除在上升管下方形成一个大的主回流外,同时在下降管和其靠近的钢包侧壁间的区域内形成另一个相对封闭的环流,并在其他部位形成不少小涡流;在这些

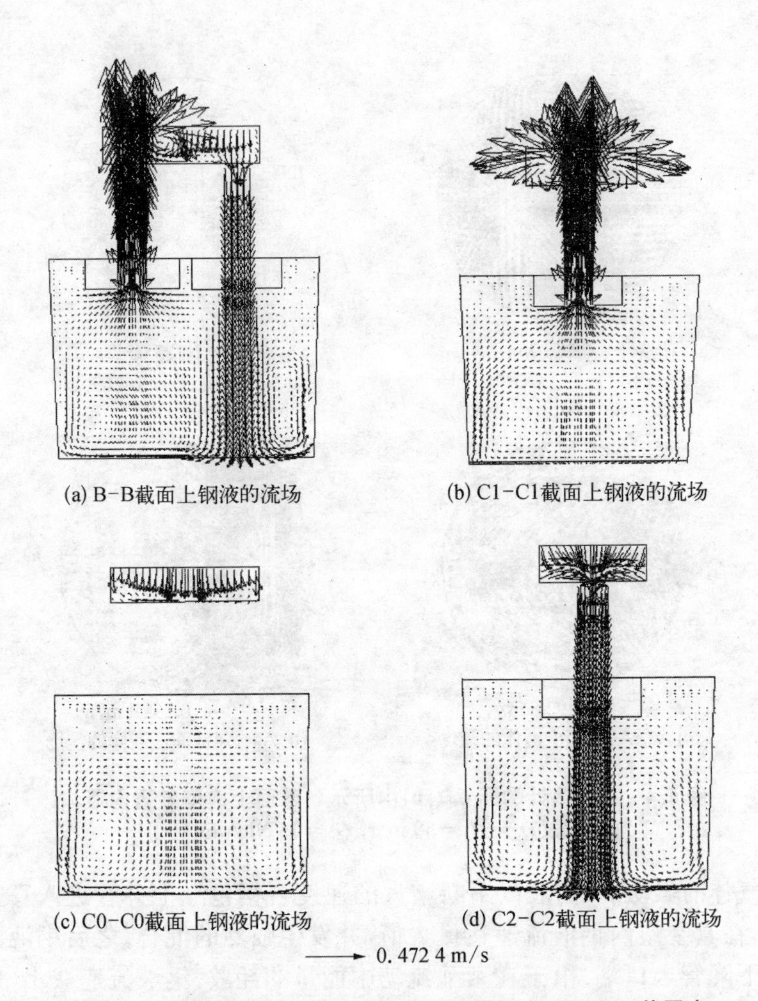

(a) B-B截面上钢液的流场

(b) C1-C1截面上钢液的流场

(c) C0-C0截面上钢液的流场

(d) C2-C2截面上钢液的流场

图 6.5　模型估计的图 6.2(a)所示中各截面上 90 t RH 装置内钢液的流场($D_u=D_d=60$ mm, $Q_g=25$ NL/min)

区域钢液相应的流速都不大。钢包内自由表面附近及上升管和下降管之间的区域为流动的相对静止区,液体流速很小,很不活跃。主要由下降液流的搅拌引起的钢包内钢液的这种流动模式及形成的大回流和小涡流决定着 RH 钢包内的混合和传质过程。

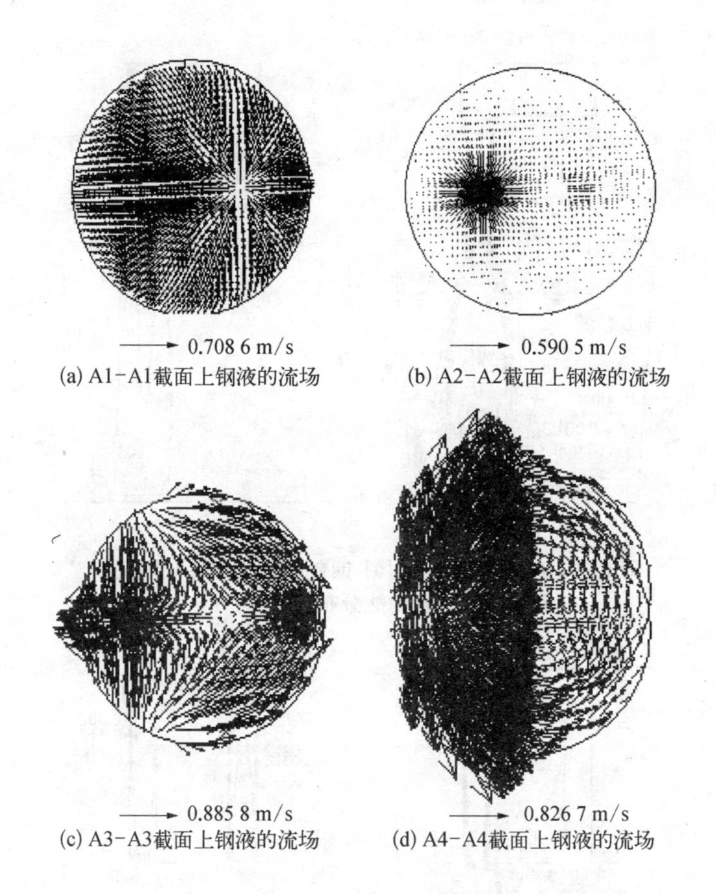

(a) A1-A1截面上钢液的流场
(b) A2-A2截面上钢液的流场
(c) A3-A3截面上钢液的流场
(d) A4-A4截面上钢液的流场

图 6.6 模型估计的图 6.2(b)中所示各截面上 90 t RH 装置内钢液的流场($D_u = D_d = 300$ mm, $Q_g = 600$ NL/min)

图 6.7 和图 6.8 所示分别为对应于图 2(a)中 B-B 截面由该模型估计的 RH 模型装置及其 90 t 原型装置插入管和真空室内以及钢包内液相的湍动能分布。与图 6.3 和图 6.5 相对照,可以看到,体系内液体速度和湍动能的分布规律完全相符。

计算得的液体的流场(图 6.3(a),(d)和图 6.5 (a),(d))和湍动能分布(图 6.7 和图 6.8)还表明,在下降管液流与其周围液体间存在

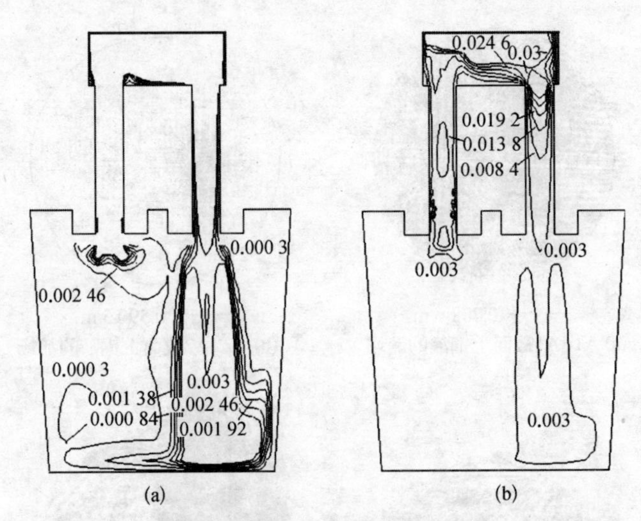

图 6.7　RH 模型装置中(a) 钢包内与(b) 插入管和真空室内液相的湍动能分布

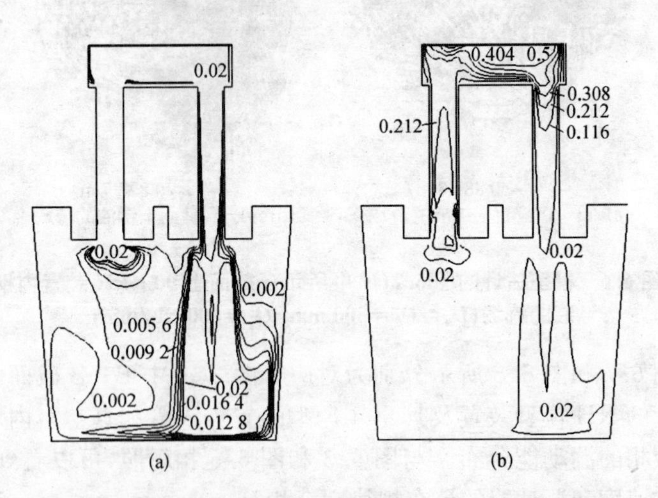

图 6.8　90 t RH 装置中(a) 钢包内与(b) 插入管和真空室内液相的湍动能分布

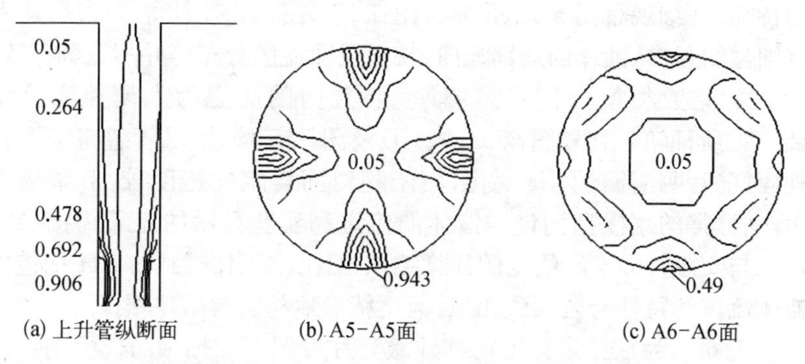

图 6.9　模型估计的图 6.2(a) B-B 纵剖面内上升管部位和图 6.2(c)所示两个横截面上 RH 模型装置内液相的含气率分布($D_u=D_d=60$ mm, $Q_g=25$ NL/min)

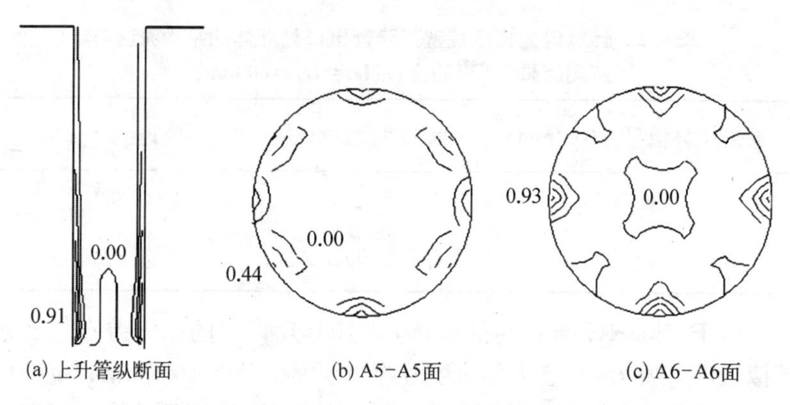

图 6.10　模型估计的图 6.2(a) B-B 纵剖面内上升管部位和图 6.2(c)所示两个横截面上 90 t RH 装置内液相的含气率分布($D_u=D_d=300$ mm, $Q_g=600$ NL/min)

一界面层，为典型的液液两相流。在下降管液流和其周围液体间必定存在动量、能量和物质的交换，且其传递速率受液液两相流的规律所制约，必定小于整体上为湍流状态时的速率。这将影响整个钢包内的混匀过程。这也表明，RH 钢包内钢液并不处于完全混合状态。尽管得到的 90 t RH 装置及其模型装置内液体的流动具有基本相同的特征，仔细观察图 6.3、图 6.4、图 6.5 和图 6.6 还是可以发现，两者有细微的差异，液体的局部流向、旋涡及回流的分布等并不完全一致。

以该数学模型计算得的模型装置内的流态为水模拟实验结果[35-37]所证实。比较图 6.3(a)、(d)及图 5.5 可见，尽管忽略了上升管内气液两相流的体积变化，由于相对而言水的密度较小，影响不大，估算得的水模型钢包内液体的流态和实验显示的流态仍相当吻合。与文献[69-76]给出的计算结果相比，本工作得到的 RH 钢包内液体流态和特性与之大致相似，但更精确地与实验结果相符。

表 6.2 为在给定频率的红外激光片光源下由拍摄的模型钢包内液体流态照片测得的模型装置下降管出口处液流的平均速度[62, 198]和该模型给出的相应截面上的平均值。可以看出，二者在误差范围内很相近。这从另一个方面证实了该模型的合理性和可靠性。

表 6.2 计算得的模型装置下降管出口处液体的平均流速与实测结果[62, 198]的比较($D_u = D_d = 60$ mm)

提升气体流量/(NL/min)	实测速度/(m/s)	计算速度/(m/s)
15.1	0.348	0.357
20.5	0.373	0.388
25.6	0.394	0.410

对于实际 RH 装置内的精炼过程，上升管内的压力差自然比水模拟条件下要大，气泡所受的浮力约为水模拟条件下的 7 倍；相应地，忽略上升管内气液两相流的体积变化可能使以该模型估计的气液两相的流速与实际情况有一定的偏差。在 300 mm 的插入管内径和 600 NL/min的吹氩量下，由该模型给出的上升管出口截面处气液两相的平均流速分别为 3.556 和 2.010 m/s，而由考虑上升管内气液两相流的体积变化的一维数学模型[27, 28]得到的结果分别为 5.441 和 2.635 m/s。注意到在一维数学模型中不仅考虑了由于压力变化引起的气体体积变化，且计入了脱碳和脱气反应产生的 CO，H_2 和 N_2 的量，还过高地估计了提升气体的出口速度及其在钢液内的温度(没有

像在三维数学模型中那样按加热摩擦流处理，并由气流与钢液间的传热估算确定两相流内气体的温度，达 4.000 m/s)，两者的这种差异是可以理解和接受的。相应地，由于液相体积分率相对较大，三维数学模型给出的下降管出口截处的钢液平均流速(0.956 m/s)略大于一维数学模型的估计值(0.926 m/s)；由此得到的环流量值(28.5 t/min)也略大于一维模型给出的结果(28 t/min)。应该说，两者的差异也在误差范围内。

采用双流体模型的一个优点是无需任意假设或实验测定气液两相区的含气率和范围，仅需给定气泡的尺寸及相应的相间界面摩擦系数，进而可直接得到液相含气率的分布，且计算得的流动结果对选定的气泡尺寸并不是非常敏感的[185]。图 6.9 和图 6.10 分别给出了由该模型估计的对应于图 6.2(a)中所示纵剖面 B－B 内上升管部位和图 6.2(c)中所示 A5－A5、A6－A6 两个横截面上，RH 水模型装置及其原型内液相中的气体浓度等值线图。给出的这些结果表明，在 RH 精炼过程中气体进入上升管内的钢液后，其在水平方向(径向)的速度很快衰减为零，很难达到上升管的中心部位，即很难发生吹透现象；相应地，其在水平方向(径向)的浓度迅速降低，大部分气体沿管壁上升，此即所谓的气体附壁效应。这与实验观察也完全相符。可见，把上升管内的气液两相流处理为气体在液体内均匀分布的准单相流确实是不适宜的。对上升管内的气泡和液体而言，其流态更接近于环状流。

由图 6.9 和图 6.10 还可以看到，与含空气-水的模型系统的情况相比，在含氩气-钢液的原型条件下，吹入的提升气体的附壁效应更为显著，相应的气液两相区更窄。这既与两者液体流态的局部差异相对应，另外，如 Ilegbusi 和 Szekely[184]所述，似乎提示水模拟研究结果或许会过高地估计实际 RH 装置内吹入的气体所能达到的搅拌和混合程度。

由该模型给出的结果计算了水模型装置的环流量。图 6.11 为计算得的环流量和实测值的比较。可以看出，随吹气量的增加和插入管内径的增大，环流量增大；当吹气量增加到某一临界值，环流量对应有一极大值。随吹气量的增加,上升管中气泡所占据的横截面积增大,相应地,与液相的接触面积也增大,致使气体对液体的总提升效应增强,环流量增大;随着吹气量的进一步增加,气体穿透深度略有增加,但此时会发生气泡的聚合,气体和液体的总接触面积几乎不变,从而使环流量达到"饱和",不可能再得以增大。因此,实际生产中不能过分地增加吹气量,在一定的工艺条件下,取接近"饱和"环流量所对应的吹气量既可获得好的精炼效果又可减少提升气体耗量。

另外,按 Park 等[76]用准单相模型计算的结果,在临界值以后,随吹气量的继续增大,环流量有减小的趋势。这与实验结果[53, 62, 198]不符。本工作的计算结果显示,在临界吹气量以后,环流量随吹气量的继续增大几乎不变。这一差异可能是由于对上升管内气液两相流的处理方式不同所致。

图 6.11 中所示曲线为以式(5.4)预测的环流量和提升气体流量间的关系。可以看到,在小于"饱和"环流量对应的吹气量范围内,该式能相当精确地预测环流量,但该式并不能很好预测临界点及其以上的环流量,即"饱和"环流量,而这可利用本工作提出的数学模型找到。

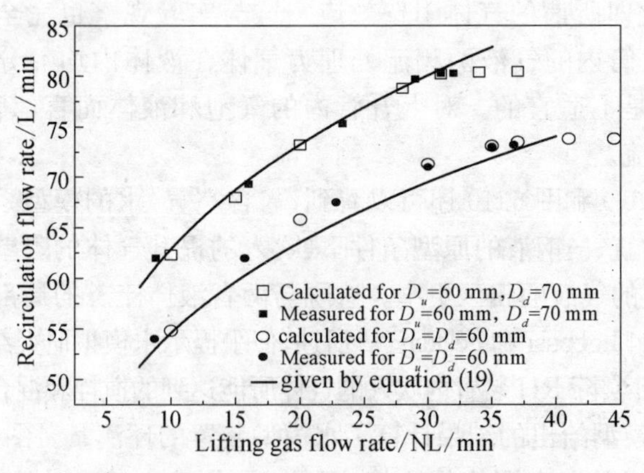

图 6.11　给定的上升管和下降管内径下 RH 水模型装置的环流量随提升气体流量的变化

6.9 本章小结

(1) 基于气-液双流体模型所提出的数学模型可以相当精确地模拟整个RH装置内液体的循环流动。

(2) 吹入的提升气体难以到达上升管的中心部位,气体主要集中在管壁附近,存在气体的所谓附壁效应,在实际RH装置的条件下更为显著。

(3) 增大吹气量和插入管内径可有效地提高RH装置的环流量,在一定条件下,对给定的体系,存在使环流量达"饱和"的提升气体流量临界值。

(4) 该模型可相当精确地给出"饱和"环流量和相应的提升气体临界流量。

本章符号说明

A_{bubble}	气泡的表面积/m^2
A_{port}	喷嘴出口横截面积/m^2
B	气体与液体黏度的比值
C_d	无因次曳力系数
C_p	气体的热容/(J/kg·K)
D	吹气管内径/m
E	光滑壁的粗糙系数,取值9.8
f	管壁的摩擦系数
F_{IP}	相间曳力系数/(kg/m^3·s)
G_k	由剪切力所引起的湍动能的体积生成率/(kg/m·s^3)
G_{kb}	气泡穿过连续相时曳力做功所致的湍动能的生成率/(kg/m·s^3)
h_g	气体的对流传热系数/(J/m^2·K)

k	气体的绝热指数和湍动能/(m^2/s^2)
M	气体的马赫数
Nu_{mp}	气泡的 Nusselt 数，$Nu_{mp}=h_g d_B/\lambda_g$
P_b	气体的背压/Pa
Pe	气泡的 Peclet 数，$Pe=Re_{B,g}Pr_g$
P_{ext}	环境压力/Pa
Pr_g	气泡的 Prandtl 数 $Pr_g=\left(\frac{C_P\mu}{\lambda}\right)_g$
Q_{gas}	提升气体体积流量/(Nm^3/s)
r_j	相体积分数
R	气体常数/(J/kg·K)
Re	Reynolds 数
$Re_{B,g}$	气泡的 Reynolds 数，$Re_{B,g}=\frac{u_B d_B}{v_l}$
S_{jP}	单位体积相间动量源/($kg/m^2\cdot s^2$)
T_0	气体滞止温度/K
U_{in}	气体在喷嘴处的入口速度/(m/s)
$\vec{U}_j$	相 j 的速度矢量/(m/s)
$\lvert\vec{U}_{slip}\rvert$	气液两相滑移(相对)速度/(m/s)
V_{bubble}	气泡的体积/m^3
We	Weber 数
γ	相间界面张力/(kg/s^2)
Γ_r	与湍流涡黏度 μ_t 相关的相扩散系数/(kg/m·s)
Γ_k、Γ_ε	湍动能和湍动能耗散率的有效扩散系数/(kg/m·s)
η	气体黏度/Pa·s
ε	湍动能耗散率/(m^2/s^3)
κ	Von Karman 常数,取值 0.41
μ_{eff}	有效黏度/(kg/m·s)
μ_l	液相的(层流)黏度/(kg/m·s)

μ_t	湍流涡黏度/(kg/m・s)
ρ_j	相密度/(kg/m^3)
σ_d	弥散相 Prandtl 数
σ_k、σ_ε	与 k、ε 相应的 Schmidt 数
τ_w	壁面处摩擦力/($kg/m・s^2$)
ϕ_j	有关相在坐标方向的速度分量/(m/s)

下标

j	相，$j=1$、2 分别为气相和液相
m	吹气管的入口截面
in	吹气管的出口截面
N	气体的标准态

第七章　钢液 RH 精炼非平衡脱碳过程的数学模拟：过程数学模型

如前所述，关于 RH 精炼脱碳过程的数学模拟，有关的研究和报道不胜枚举[41, 70-72, 93-97]。然而这些模型都存在这样或那样的不足。以几个典型的研究工作为例，Kleimt 等[41]和 Yamaguchi 等[93]都假定了碳氧反应仅发生于真空室熔池，忽略了上升管内的精炼作用，并同时假定钢液内碳和氧的传质为反应速率的限制性环节。特别地，前者还考察了 KTB 操作的影响，后者则考虑了钢包中顶渣的供氧效应。对于碳氧反应部位的过度简化，必然导致其结果不能真实地反映脱碳精炼过程。在假设碳氧反应区域包括 Ar 气泡表面和真空室熔池，以及钢液内氧传质不可能成为反应速率的限制性环节的前提下，Takanishi 等[94]认为在上升管内 Ar 气泡表面脱碳反应的速率由气相中 CO 传质、界面反应和钢液内碳的传质混合控制，真空室表面碳氧反应的速率由界面反应和钢液侧碳的传质共同控制，而真空室熔池内部反应速率则仅由界面反应所控制。就反应部位而言，尽管其所作的考虑较 Kleimt 等[41]和 Yamaguchi 等[93]的全面，但是仍然没有考虑到真空室内液滴群的作用，而且将 Ar 气泡表面的脱碳作用归于真空室熔池位置的贡献，这必然会放大其脱碳效果。魏季和等[95, 96]充分考虑了上升管内部、真空室熔池和液滴群的脱碳作用及上升管内流体流动的影响，假定钢液侧物质传递为反应速率的限制性环节，建立了 RH 精炼脱碳过程的数学模型，成功地进行了 RH 和 RH - KTB 精炼脱碳过程的数学模拟。就目前所见的一维模型而言，当是最合理和最好的。然而，无论是在钢包还是真空室和插入管内，碳和氧都不可能完全混合均匀，必然存在局域的浓度差。由于一维模型本身固有的局限性，只能以平均浓度代替局域浓度，这必然会造成对精炼反应效率的过估计或欠估计。就脱碳过程的三维数值模拟而言，Szatkowski 等[70]、Kato 等[71]和 Filho 等[72]都未考虑真空室内的精炼作用，仅考虑钢包流动情况，且假定脱碳在其中进行。这显然与实际情况有很大差别，很不合理。朱苗勇等[97]将真空室与钢包作为整体，进行了流场和脱碳过程的数学模拟，但是对于两相区的处理和脱碳源项的考虑还是与实际情况存在相当大的差异。

RH 精炼脱碳过程中，在上升管部位，吹入钢液的提升气体，具有双重作用，一方面，生成的 Ar 气泡对 CO 而言为“真空”，使钢液内的碳和氧在其表面发生反应；另一方面，起提升作用，使初步脱碳的钢液进入真空室。提升气体进入真空室并逸入气相时体积急剧增大，所产生的膨胀功与两相流本身所具的动能共同作用于进入真空室的钢液，使之在真空室内上升管出口上方发生喷溅，形成一液柱和液滴群。这样，在真空室内，除在熔池本体发生沸腾脱碳外，这些液滴群表面也成为良好的碳氧反应场所。所有经上升管进入真空室的钢液，在上升管和真空室发生精炼反应和强烈的混合后，经下降管进入钢包，与钢包内的钢液再次发生混合，从而完成一次循环精炼过程。

关于 RH 精炼脱碳反应的机理，业已做过大量实验研究[15, 79-81, 103-112]，除少数研究者[103-105]认为界面反应是反应速率的限制性环节，个别研究者[94]甚至认为界面反应、液相内碳的传质或气相内 CO 的传质混合控制不同部位的碳氧反应速率外，几乎都确认钢液内碳或氧的传质控制碳氧反应速率。有鉴于此，本工作基于 Wei 等[95, 96]的研究结果，认为 RH 过程中的碳氧反应由钢液内碳和氧的传质混合控制，这当更具合理性。

本质上，RH 精炼过程处于非平衡态，其中存在着化学反应、黏性流动、物质和能量的传递等过程，根据非平衡态热力学理论，各非平衡过程间必然存在相互作用（互为制约或促进）。从这一角度看，目前已有的关于 RH 精炼脱碳过程的数学模型都是不完备的，都有这样或那样的不足和局限性，仍需进一步作深入的研究，这也具有重要的理论和实际意义。

本工作从非平衡态热力学的观点和理论出发，考虑RH精炼脱碳过程的反应机理，提出和研制了一个新的数学模型。本章给出该模型的具体细节。

7.1 基本假设

取整个RH装置内的钢液作为研究对象，对RH精炼非平衡脱碳过程，除保留第六章中所作的假设外，另还作如下基本假设：

(1) 体系整体温度均匀，忽略精炼过程中的传热和温降；

(2) 体系内仅发生C和O间的化学反应；

(3) 整个体系内仅碳和氧存在浓度梯度；

(4) 绝热近似成立；

(5) 碳、氧以稀溶液的形式存在于钢液内；

(6) 忽略压力梯度对组分扩散的影响；

(7) 渣金间存在反应[Fe]+[O]=(FeO)，且达到平衡；

(8) 钢液内碳和氧的传质是脱碳反应速率的限制性环节；

(9) 将真空室内液滴群的脱碳作用合并至真空室熔池自由表面的贡献。

7.2 控制方程

基于上述假设和连续介质理论，从非平衡态热力学出发，描述体系的控制方程当具有式(3.1)～(3.3)的一般形式，其中守恒变量$\vec{u}$和c_a($a=$C或O)的流必须以守恒量ρ、c_a、$\vec{u}$和其他表征物质特性的参数来表达，即需确定描述具体非平衡过程的本征关系。

7.2.1 连续性方程

$$\frac{\partial \rho}{\partial t}=-\nabla \cdot \rho \vec{u} \tag{7.1}$$

7.2.2 动量方程

对黏性剪切过程而言，根据式(3.35)，存在如下本征关系

$$2\eta_0 \vec{\gamma} = \vec{\Pi} q_e(\kappa) \tag{7.2}$$

将上式代入方程(3.3)，有动量方程

$$\rho \frac{\mathrm{d}\vec{u}}{\mathrm{d}t} = -\nabla \cdot \left[\frac{2\eta_0 \vec{\gamma}}{q_e(\kappa)}\right] - \nabla p + \rho \vec{F} \tag{7.3}$$

7.2.3 C、O的质量衡算方程

根据4.5.1对冶金过程中组分互扩散问题的分析，在稀溶液中，可以忽略Onsager效应(交互扩散)，从而碳、氧扩散过程的本征关系为

$$D_{aa} \chi_a^{(4)} = \vec{J}_a q_e(\kappa) \tag{7.4}$$

其中组分a分别为C和O。各自的化学位与溶液中组分浓度的关系为

$$\mu_a = \mu_a(c_a),\ \mathrm{a=C\ 或\ O}。$$

对于各向同性介质有

$$\nabla_T \hat{\mu}_a = -\left(\frac{\partial \hat{\mu}_a}{\partial c_a}\right)_T \nabla c_a. \tag{7.5}$$

引入

$$D_a = \frac{1}{\rho} D_{aa} \left(\frac{\partial \mu_a}{\partial c_a}\right)_T \tag{7.6}$$

此即通常所谓的化学扩散系数(m^2/s，如钢液内的D_C)。由假设(5)及式(7.5)、(7.6)和(3.20d)，扩散过程的驱动力可以表示为

$$\chi_a^{(4)} = -\frac{D_a}{D_{aa}}\rho \nabla c_a \tag{7.7}$$

由此，本征关系(7.4)可写为

$$\vec{J}_a = -\rho \frac{D_a}{q_e(\kappa)} \nabla c_a \tag{7.8}$$

将式(7.8)代入方程(3.2)，有C、O的如下质量衡算方程

$$\frac{\partial c_a}{\partial t} + u_i \frac{\partial c_a}{\partial x_i} = \frac{1}{\rho}\frac{\partial}{\partial x_i}\left(\frac{\rho D_a}{q_e(\kappa)}\frac{\partial c_a}{\partial x_i}\right) + \frac{1}{\rho}\nu_a \Lambda^0_{\text{C-O}} \tag{7.9}$$

相应于本征关系(7.2)和(7.8)，由方程(3.39)，Rayleigh-Onsager耗散函数可表示如下

$$\kappa^2 = \left(\frac{\tau_p}{2\eta_0}\right)^2\left(\frac{2\eta_0}{q_e(\kappa)}\right)^2(\vec{\gamma}:\vec{\gamma}) - \frac{1}{q_e(\kappa)}\beta g' A_{\text{C-O}}\Lambda^0_{\text{C-O}} + \sum_{a=\text{C,O}}\left(\frac{\tau_a}{D_{aa}}\right)^2\left(\frac{1}{q_e(\kappa)}\right)^2(\rho D_a)^2(\nabla c_a \cdot \nabla c_a) \tag{7.10}$$

7.3 控制方程的模化和湍流模型

控制方程(7.1)、(7.3)和(7.9)中所涉及的守恒量ρ、c_a、$\vec{u}$均为瞬时值，对RH精炼过程，根据第六章所述，钢液处于湍流状态，为此需对各控制方程进行模化。采用张量的指标记法，分别对方程(7.1)、(7.3)和(7.9)进行时均运算，并由Boussinesq假设和假设(6)，有控制方程和湍流模型为

连续性方程

$$\frac{\partial \rho}{\partial t} + \frac{\partial \rho U_i}{\partial x_i} = 0 \tag{7.11}$$

动量方程

不考虑体系所受的体积力，动量方程(7.3)可表示为

$$\frac{\partial U_i}{\partial t}+U_j\frac{\partial U_i}{\partial x_j}=-\frac{1}{\rho}\frac{\partial P}{\partial x_i}+\frac{1}{\rho}\frac{\partial}{\partial x_j}\Big[\Big(\frac{\eta_0}{q_e(\kappa)}+\eta_t\Big)\Big(\frac{\partial U_i}{\partial x_j}+\frac{\partial U_j}{\partial x_i}\Big)\Big] \tag{7.12}$$

C、O 的质量衡算方程

$$\frac{\partial C_a}{\partial t}+U_i\frac{\partial C_a}{\partial x_i}=\frac{1}{\rho}\frac{\partial}{\partial x_i}\Big(\Big(\frac{\rho D_a}{q_e(\kappa)}+\frac{\eta_t}{\sigma_c}\Big)\frac{\partial C_a}{\partial x_i}\Big)+\frac{1}{\rho}\nu_a\bar{\Lambda}^0_{\text{C-O}} \tag{7.13}$$

这里为以后计算的方便和直观起见，以 C_a 代替 $\bar{c}_a$，两者在数值上是相等的，但作为浓度，他们的物理意义是有差异的。

湍流模型

$$\frac{\partial \varepsilon}{\partial t}+\rho U_k\frac{\partial \varepsilon}{\partial x_k}=\frac{\partial}{\partial x_k}\Big[\Big(\frac{\eta_0}{q_e(\kappa)}+\frac{\eta_t}{\sigma_\varepsilon}\Big)\frac{\partial \varepsilon}{\partial x_k}\Big]+\frac{c_1\varepsilon}{k}\eta_t\frac{\partial U_i}{\partial x_j}\Big(\frac{\partial U_i}{\partial x_j}+\frac{\partial U_j}{\partial x_i}\Big)-c_2\rho\frac{\varepsilon^2}{k} \tag{7.14}$$

$$\rho\frac{\partial k}{\partial t}+\rho U_j\frac{\partial k}{\partial x_j}=\frac{\partial}{\partial x_j}\Big[\Big(\frac{\eta_0}{q_e(\kappa)}+\frac{\eta_t}{\sigma_k}\Big)\frac{\partial k}{\partial x_j}\Big]+\eta_t\frac{\partial U_i}{\partial x_j}\Big(\frac{\partial U_i}{\partial x_j}+\frac{\partial U_j}{\partial x_i}\Big)-\rho\varepsilon \tag{7.15}$$

$$\eta_t=c'_\mu\rho k^{\frac{1}{2}}l=(c'_\mu c_D)\rho k^2\frac{l}{c_D k^{\frac{3}{2}}}=\frac{c_\mu\rho k^2}{\varepsilon} \tag{7.16}$$

关于参数 κ，必须对其中的脉动部分进行模化。对均匀的各向同性紊流，黏性耗散对 Rayleigh-Onsager 耗散函数的贡献可以表达为

$$\overline{\Big(\frac{\tau_p}{2\eta_0}\Big)^2\Big(\frac{\eta_0}{q_e(\kappa)}\Big)^2\Big[\frac{\partial u_j}{\partial x_i}\Big(\frac{\partial u_j}{\partial x_i}+\frac{\partial u_i}{\partial x_j}\Big)\Big]}=\Big(\frac{\tau_p}{2\eta_0}\Big)^2\Big(\frac{\eta_0}{q_e(\kappa)}\Big)^2\Big(\frac{G_k}{\eta_t}+\frac{\varepsilon}{\nu}\Big) \tag{7.17}$$

考虑到熔体内碳和氧的浓度很低，忽略浓度脉动的高阶部分，则碳氧反应过程对 Rayleigh-Onsager 耗散函数的贡献为

$$\overline{-\frac{1}{q_e(\kappa)}\beta g' A_{\text{C-O}}\Lambda^0_{\text{C-O}}} = -\frac{1}{q_e(\kappa)}\beta g' A_{\text{C-O}}\Lambda^0_{\text{C-O}} \tag{7.18}$$

在钢液内碳和氧的扩散过程中，脉动扩散的耗散作用相对较小，可予忽略[199,200]。由此可得碳和氧扩散过程对 Rayleigh-Onsager 耗散函数的贡献为

$$\begin{aligned}&\overline{\sum_{a=\text{C, O}}\left(\frac{\tau_a}{D_{aa}}\right)^2\left(\frac{1}{q_e(\kappa)}\right)^2(\rho D_a)^2\left(\frac{\partial c_a}{\partial x_i}\right)^2}\\ &= \sum_{a=\text{C, O}}\left(\frac{\tau_a}{D_{aa}}\right)^2\left(\frac{1}{q_e(\kappa)}\right)^2\left[(\rho D_a)^2\left(\frac{\partial C_a}{\partial x_i}\right)^2\right]\end{aligned} \tag{7.19}$$

综合式(7.17)～(7.19)，Rayleigh-Onsager 耗散函数(式(7.10))可写成如下形式

$$\begin{aligned}\kappa^2 = &\left(\frac{\tau_p}{2\eta_0}\right)^2\left(\frac{\eta_0}{q_e(\kappa)}\right)^2\left(\frac{G_k}{\eta_t}+\frac{\varepsilon}{\nu}\right)+\\ &\sum_{a=\text{C, O}}\left(\frac{\tau_a}{D_{aa}}\right)^2\left(\frac{1}{q_e(\kappa)}\right)^2(\rho D_a)^2\left(\frac{\partial C_a}{\partial x_i}\right)^2-\\ &\frac{1}{q_e(\kappa)}\beta g' A_{\text{C-O}}\Lambda^0_{\text{C-O}}\end{aligned} \tag{7.20}$$

7.4 基本方程的通用形式

至此为止，上面所作的分析仅限于体系可视为单相的情形。实际上，RH 精炼非平衡脱碳过程中，体系内的流动，特别在上升管内，为典型的气液两相流。将上述分析和第六章中给出的双流体模型相结合，可得 RH 脱碳精炼过程的通用方程如下

$$\frac{\partial(r_s\rho_s\Phi_s)}{\partial t}+\frac{\partial(r_s\rho_sU_s\Phi_s)}{\partial x}+\frac{\partial(r_s\rho_sV_s\Phi_s)}{\partial y}+\frac{\partial(r_s\rho_sW_s\Phi_s)}{\partial z}$$

$$= \left[\frac{\partial}{\partial x}\left(r_s \Gamma_s \frac{\partial \Phi_s}{\partial x}\right) + \frac{\partial}{\partial y}\left(r_s \Gamma_s \frac{\partial \Phi_s}{\partial y}\right) + \frac{\partial}{\partial z}\left(r_s \Gamma_s \frac{\partial \Phi_s}{\partial z}\right)\right] + S_{\Phi s} \quad (7.21)$$

式中 Φ 分别为 1、U、V、W、k、ε 和 C_a，$s=1$，2 分别代表液相和气相。广义扩散系数和源项 $S_{\varphi s}$ 示于表 7.1。

表 7.1 扩散系数和源项 $S_{\varphi s}$

Φ	扩散系数 Γ	源项 $S_{\varphi s}$
1	0	$\frac{\partial}{\partial x_i}\left(\Gamma_r \frac{\partial f_s}{\partial x_i}\right)$
U		$r_s\left[-\frac{\partial P}{\partial x} + \frac{\partial}{\partial x}\left(\eta_{eff}\frac{\partial U}{\partial x}\right) + \frac{\partial}{\partial y}\left(\eta_{eff}\frac{\partial V}{\partial x}\right) + \frac{\partial}{\partial z}\left(\eta_{eff}\frac{\partial W}{\partial x}\right)\right] +$ $0.75C_d\rho_{liqu}r_2 \mid U_r \mid (U_{liqu,i} - U_{gas,i})/d_b$
V	$\eta_0/q_e(\kappa) + \eta_t$ $\eta_{eff} = \Gamma$	$r_s\left[-\frac{\partial P}{\partial y} + \frac{\partial}{\partial x}\left(\eta_{eff}\frac{\partial U}{\partial y}\right) + \frac{\partial}{\partial y}\left(\eta_{eff}\frac{\partial V}{\partial y}\right) + \frac{\partial}{\partial z}\left(\eta_{eff}\frac{\partial W}{\partial y}\right)\right] +$ $0.75C_d\rho_{liqu}r_2 \mid V_r \mid (V_{liqu,i} - V_{gas,i})/d_b$
W		$r_s\left[-\frac{\partial P}{\partial z} + \frac{\partial}{\partial x}\left(\eta_{eff}\frac{\partial U}{\partial z}\right) + \frac{\partial}{\partial y}\left(\eta_{eff}\frac{\partial V}{\partial z}\right) + \frac{\partial}{\partial z}\left(\eta_{eff}\frac{\partial W}{\partial z}\right)\right] -$ $f_l\rho_l g + 0.75C_d\rho_{liqu}r_2 \mid W_r \mid (W_{liqu,i} - W_{gas,i})/d_b$
k	$\eta_0/q_e(\kappa) + \frac{\eta_t}{\sigma_K}$	$r_sG_k -$ $r_s\rho_s\varepsilon + r_sG_{kb}$ $G_k = \eta_t\left\{2\left[\left(\frac{\partial U}{\partial x}\right)^2 + \left(\frac{\partial V}{\partial y}\right)^2 + \left(\frac{\partial W}{\partial z}\right)^2\right]\right\} + \left(\frac{\partial U}{\partial y} + \frac{\partial V}{\partial x}\right)^2 + \left(\frac{\partial U}{\partial z} + \frac{\partial W}{\partial x}\right)^2 + \left(\frac{\partial W}{\partial y} + \frac{\partial V}{\partial z}\right)^2$
ε	$\eta_0/q_e(\kappa) + \frac{\eta_t}{\sigma_\varepsilon}$	$r_sC_1\frac{\varepsilon}{K}G_k -$ $C_2r_s\rho_s\frac{\varepsilon^2}{K} +$ $r_sC_1G_{kb}\frac{\varepsilon}{k}$
C_a	$\frac{\rho D_a}{q_e(\kappa)} + \frac{\eta_t}{\sigma_c}$	$v_a\Lambda^0_{\text{C-O}}$

注 (1) 紊流模型常数同表 5.1；

(2) 对组分 C、O 而言，$s=1$，$r_s=1$，$U_{i,s}$ 取为液相速度。

考虑气泡在液相内滑动过程中曳力所做的功转化为附加的湍动能生成速率 G_{kb}，Rayleigh-Onsager 耗散函数为

$$\kappa^2 = \left(\frac{\tau_p}{2\eta_0}\right)^2 \left(\frac{\eta_0}{q_e(\kappa)}\right)^2 \left(\frac{G_k}{\eta_t} + \frac{\varepsilon}{\nu} + \frac{G_{kb}}{\eta_t}\right) + \sum_{a=\mathrm{C,\,O}} \left(\frac{\tau_a}{D_{aa}}\right)^2 \left(\frac{1}{q_e(\kappa)}\right)^2 (\rho D_a)^2 \left(\frac{\partial C_a}{\partial x_i}\right)^2 - \frac{1}{q_e(\kappa)} \beta g' A_{\mathrm{C\text{-}O}} \Lambda^0_{\mathrm{C\text{-}O}} \tag{7.22}$$

其中 C－O 反应的亲和力 $A_{\mathrm{C\text{-}O}}$ 可表示为

$$A_{\mathrm{C\text{-}O}} = RT \ln \frac{K f_{\mathrm{C}}^{(n)} f_{\mathrm{O}}^{(n)} [\%\mathrm{C}][\%\mathrm{O}]}{P_{\mathrm{CO}}} \tag{7.23}$$

且可由下式确定相应的熵产生

$$\sigma_{ent} = k_{\mathrm{B}} g'^{-1} \cdot \kappa^2 q_e(\kappa) \tag{7.24}$$

7.5 边界条件和碳、氧组分的源项

7.5.1 边界条件

关于壁面、自由表面和提升气体入口边界条件，如第 6.4 节和第 6.5 节中所示。

碳浓度边界

碳浓度的变化为零流边界，即

$$\frac{\partial C_{\mathrm{C}}}{\partial x_i} = 0 \tag{7.25}$$

氧浓度边界

取钢包内与顶渣相接触的液面处氧浓度的变化为固定流边界，即

$$\frac{\mathrm{d}[\%\mathrm{O}]}{\mathrm{d}t} = \frac{\rho_l}{100} \left(\frac{Ak_{\mathrm{O}}}{V}\right)_s ([\%\mathrm{O}]_{se} - [\%\mathrm{O}]) \tag{7.26}$$

根据 Kleimt 等[41]的工作，取 $\left(\frac{Ak_{\mathrm{O}}}{V}\right)_s = 7.1 \times 10^{-3}\ \mathrm{s}^{-1}$。为简化起见，将 MnO 的影响归于 FeO，则顶渣相应的平衡氧含量为

$$[\%\mathrm{O}]_{se} = \frac{a_{\mathrm{FeO}}}{f_{\mathrm{O}}^{(e)} K_{\mathrm{FeO}}} \tag{7.27}$$

式中氧化铁活度 a_{FeO} 由图 7.1[201]确定。在不至影响计算结果的情况下，为处理简便，这里将以钢液内 O 的非平衡活度系数的平衡分量代替之。

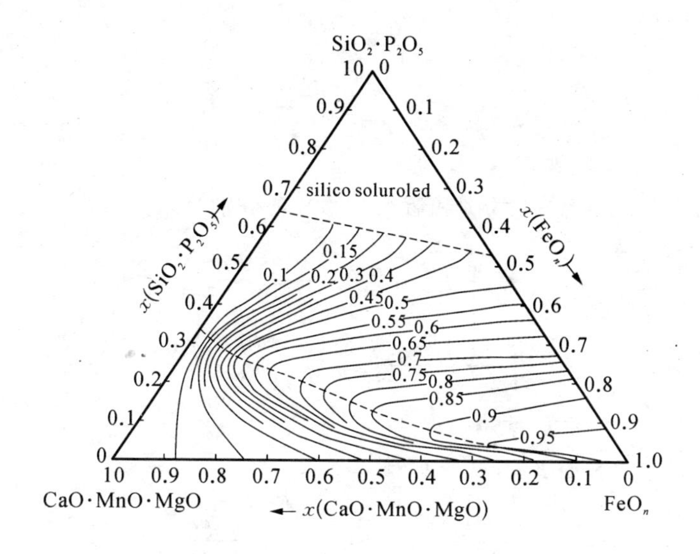

图 7.1　1 873 K 时(FeO)－(CaO＋MnO＋MgO)－(SiO_2＋P_2O_5)渣系中(FeO)的活度

除钢包内与顶渣相接触的液面层外，其余部位氧浓度的变化为零流边界，即

$$\frac{\partial C_{\mathrm{O}}}{\partial x_i} = 0 \tag{7.28}$$

7.5.2 碳、氧组分的源项

由前所述,碳氧反应速率的表达式为

$$R_C = \frac{Ak_C\rho_l}{100V}([\%C]-[\%C]_e) \tag{7.29}$$

$$R_O = \frac{Ak_O\rho_l}{100V}([\%O]-[\%O]_e) \tag{7.30}$$

利用关系式

$$\frac{R_C}{12}=\frac{R_O}{16} \tag{7.31}$$

$$[\%C]_e[\%O]_e = \frac{P_{CO}}{Kf_C^{(n)}f_O^{(n)}} \tag{7.32}$$

可得碳氧反应所产生的碳和氧组分的源项分别为

$$\nu_C\Lambda^0_{C\text{-}O} = R_C = \frac{1}{2}\left(\frac{Ak_C\rho_l}{100\times 12V}[\%C]+\frac{Ak_O\rho_l}{100\times 16V}[\%O]\right)\times \left\{1-\left(\frac{k_C[\%C]}{12}+\frac{k_O[\%O]}{16}\right)^{-1}\left[\left(\frac{k_C[\%C]}{12}-\frac{k_O[\%O]}{16}\right)^2+\frac{4k_Ck_OP_{CO}}{12\times 16Kf_C^{(n)}f_O^{(n)}}\right]^{1/2}\right\} \tag{7.33a}$$

$$\nu_O\Lambda^0_{C\text{-}O} = R_O = \frac{1}{2}\left(\frac{Ak_C\rho_l}{100\times 12V}[\%C]+\frac{Ak_O\rho_l}{100\times 16V}[\%O]\right)\times \left\{1-\left(\frac{k_C[\%C]}{12}+\frac{k_O[\%O]}{16}\right)^{-1}\left[\left(\frac{k_C[\%C]}{12}-\frac{k_O[\%O]}{16}\right)^2+\frac{4k_Ck_OP_{CO}}{12\times 16Kf_C^{(n)}f_O^{(n)}}\right]^{1/2}\right\} \tag{7.33b}$$

关于 KTB 操作对真空室钢液的供氧问题,一般认为除部分消耗于 CO 的二次燃烧和少量随废气排出烟道外,吹入的 O_2 大部分都溶

解于真空室的钢液。由 KTB 操作所产生的氧组分的源项为

$$S'_{\mathrm{O}} = \rho_l \frac{\mathrm{d}[\mathrm{O}]_V}{\mathrm{d}t} = \frac{1.43 \times 10^6 \beta F_{\mathrm{O}_2}}{V_{\mathrm{V}}} \tag{7.34}$$

根据 Yamaguchi 等[93]的研究，本工作取氧的吸收率 $\beta = 0.65$。

7.6　有关参数的确定

7.6.1　体系内各反应位置钢液内碳和氧的传质系数

上升管内气泡-钢液界面处钢液内碳和氧的传质系数

基于 Hughmark[202]给出的湍流下气泡-液体体系液体内的传质关系式和 Wei 等[31, 95, 96]的研究结果，采用下式计算了 k_{C}、k_{O}，

$$\frac{k_i d_b}{D_i} = 2.0 + 0.026\left[\left(\frac{u_{slip} d_b}{\nu}\right)^{0.048}\left(\frac{\nu}{D_i}\right)^{0.339}\left(\frac{g^{1/3} d_b}{D_i^{2/3}}\right)^{0.072}\right]^{1.455} \tag{7.35}$$

结合 Takahashi[94]的研究结果，取气泡直径 $d_b = 15$ mm。关于气泡和钢液间的滑移速度 u_{slip}，根据 Levich[203]的研究，以下式估算之，

$$u_{slip} = \left(\frac{4\sigma^2 g}{\alpha \rho_m \nu}\frac{\rho_l - \rho_{Ar}}{\rho_l}\right)^{1/5} \approx \left(\frac{4\sigma^2 g}{\alpha \rho_m \nu}\right)^{1/5} = 0.62 \tag{7.36}$$

其中，α 为常数，$\alpha \approx 30$。如是可得，$k_{\mathrm{C}} = 6.91 \times 10^{-4}$ m/s，$k_{\mathrm{O}} = 5.48 \times 10^{-4}$ m/s。

对上升管中的气液两相流，取任一微元体有

$$f_g = \frac{V_g}{V_l + V_g} \tag{7.37}$$

$$V_g = f_g(V_l + V_g) = n_b \frac{1}{6}\pi d_b^3 \tag{7.38}$$

从而任意微元体中，气泡的表面积为

$$A_b = n_b \pi d_b^2 = \frac{6 f_g V_{cell}}{d_b} \quad (7.39)$$

根据文献[95，96，204]的研究，气泡中 CO 的分压很低，可予忽略。

真空室熔池内部气液界面钢液侧的传质系数

根据渗透理论估算，然后由累试法确定 $k_C = 6.0 \times 10^{-4}$ m/s，$k_O = 4.5 \times 10^{-4}$ m/s。

气泡内的 CO 压力为

$$P_{CO}^b = P_V + \beta \rho g h + P_{CO}^* \quad (7.40)$$

其中 β 为压力单位转换系数。上式右边第三项为气泡形核的过饱和压力，根据经典的形核理论，可以表示为

$$P_{CO}^* = \beta \frac{4\sigma}{d_b} \quad (7.41)$$

其值取决于形核气泡的尺寸。根据 Kuwabara[13]、Kraus[205]、Harashima[206]和 Higuchi[207]等的研究，本实验取 $d_b = 3$ mm，相应地，可以取 $P_{CO}^* = 0.025$。忽略真空室压力，式(7.73)可以表示为

$$P_{CO}^b = 0.678h + 0.025 \quad (7.42)$$

真空室熔池表面钢液侧的传质系数

实际 RH 过程中，吹入的提升气体在进入真空室并逸入气相时会产生相当大的膨胀功。这部分能量和气液两相流本身的动能，除用以维持体系内钢液的流动外，作用于钢液而在上升管出口上方形成一液柱和液滴群。生成的这些液滴表面无疑也是一个良好的精炼反应位置。在 Wei 等[95, 96]提出的一维 RH 脱碳精炼过程数学模型中作了专门处理。为使问题得以简化，本工作将其归于真空室熔池自由表面。很显然实际有效自由表面积比真空室横截面积大得多，根据 Takahashi 等[94]的研究，认为二者之间取 10 倍的关系是合适的，为便于处理，将此影响因素合并入传质系数。由此取

$$k_C = 6.0 \times 10^{-3}\ \mathrm{m^2/s}$$

$$k_O = 4.5 \times 10^{-3}\ \mathrm{m^2/s}$$

对于 CO 气泡分压 P_{CO}，近似取真空室的压力 P_V。

7.6.2 钢液内碳和氧的活度系数

结合式(3.15) 和广义的 Maxwell 关系式(3.50f)，由式(3.64)可得所考察的 RH 体系中组分 C、O 的非平衡活度系数 $f_a^{(n)}$ 为

$$f_a^{(n)} = f_a^e f_a^{(ne)} \tag{7.43}$$

其中

$$f_a^{(ne)} = \exp\left(\frac{1}{RT}\sum_{b=1}^{r}\sum_{\alpha=1}^{l}\int_0^{\hat{\Phi}_b^{(\alpha)}} g_b^{(\alpha)} \underset{(\Gamma_{p2})}{\frac{\partial \Phi_b^{(\alpha)}}{\partial c_a}} \otimes \mathrm{d}\,\hat{\Phi}_b^{(\alpha)}\right) \tag{7.44}$$

对黏性流动过程而言，可忽略组分浓度的影响，只考虑体系的整体流动。由式(7.2)，视 $q_e(\kappa)$ 为积分常量，黏性流动过程对非平衡活度系数 $f_a^{(n)}$ 的非平衡分量 $f_a^{(ne)}$ 的贡献为

$$f_{a,\Pi}^{(ne)} = \int_0^{\Pi} \frac{\vec{\Pi}}{2p\rho} : \mathrm{d}\,\vec{\Pi} = \frac{1}{2p\rho}\left(\frac{\eta_0}{q_e(\kappa)}\right)^2 \frac{\partial u_j}{\partial x_i}\left(\frac{\partial u_j}{\partial x_i} + \frac{\partial u_i}{\partial x_j}\right) \tag{7.45}$$

C、O 组分扩散过程对非平衡活度系数 $f_a^{(n)}$ 的非平衡分量 $f_a^{(ne)}$ 的贡献为

$$\begin{aligned} f_{a,J_b}^{(ne)} &= \sum_{b=1}^{r}\int_0^{\vec{J}_b} \frac{1}{\rho} \frac{\partial\left(\frac{1}{\rho_b}\vec{J}_b\right)}{\partial c_a} \cdot \mathrm{d}\,\vec{J}_b \\ &= \sum_{b=1}^{r} \frac{1}{\rho\rho_b} \frac{\partial}{\partial c_a}\int_0^{\vec{J}_b} \vec{J}_b \cdot \mathrm{d}\,\vec{J}_b \\ &= \sum_{b=1}^{r} \frac{1}{\rho\rho_b} \frac{\partial}{\partial c_a}\int_0^{A} \rho D_b \frac{\partial c_b}{\partial x_k} d\left(\rho D_b \frac{\partial c_b}{\partial x_k}\right) \end{aligned}$$

$$= \sum_{b=1}^{r} \frac{1}{\rho\rho_b q_e(\kappa)^2} \rho D_b \frac{\partial c_b}{\partial x_k} \frac{\partial\left(\rho D_b \frac{\partial c_b}{\partial x_k}\right)}{\partial c_a}$$

$$= \sum_{b=1}^{r} \frac{\rho D_b}{\rho_b q_e(\kappa)^2} \frac{\partial D_b}{\partial c_a} \frac{\partial c_b}{\partial x_k} \tag{7.46}$$

鉴于 RH 精炼非平衡脱碳过程中钢液内 C、O 的浓度不高，为稀溶液，碳对氧或氧对碳的扩散系数的影响不大，根据 4.5.1 对冶金过程中组分互扩散问题的分析，碳、氧的交互扩散作用可予忽略。另外，钢液中 C、O 组分的浓度梯度为有界量，因而可忽略碳、氧扩散过程对各自非平衡活度系数 $f_a^{(n)}$ 的非平衡分量 $f_a^{(ne)}$ 的贡献。

碳、氧反应对钢液内 C 非平衡活度系数 $f_a^{(n)}$ 的非平衡分量 $f_a^{(ne)}$ 的贡献为

$$f_{C,\Lambda_{C\text{-}O}^0}^{(ne)} = \int_0^{\Lambda_{C\text{-}O}^0} \frac{\partial A_l}{\partial c_C} \mathrm{d}\Lambda_{C\text{-}O}^0 = \int_{ce}^{c} RT \frac{1}{[\%C]} \frac{Ak_C\rho_l}{12\times 100} \mathrm{d}[\%C]$$

$$= \frac{Ak_C\rho_l}{1.200} RT(\ln[\%C] - \ln[\%C]_e) \tag{7.47a}$$

相应地，对钢液内 O 非平衡活度系数 $f_a^{(n)}$ 的非平衡分量 $f_a^{(ne)}$ 的贡献为

$$f_{O,\Lambda_{C\text{-}O}^0}^{(ne)} = \int_0^{\Lambda_{C\text{-}O}^0} \frac{\partial A_{C\text{-}O}}{\partial c_O} \mathrm{d}\Lambda_{C\text{-}O}^0 = \int_{Oe}^{O} RT \frac{1}{[\%O]} \frac{Ak_C\rho_l}{16\times 100} \mathrm{d}[\%O]$$

$$= \frac{Ak_O\rho_l}{1.600} RT(\ln[\%O] - \ln[\%O]_e) \tag{7.47b}$$

综上所述，可得钢液内 C、O 非平衡活度系数 $f_a^{(n)}$ 的非平衡分量 $f_a^{(ne)}$ 为

$$RT\ln \overline{f_a^{ne}} = \frac{1}{2p\rho}\left(\frac{\eta_0}{q_e(\kappa)}\right)^2 \left\{\frac{G_k}{\eta_t} + \frac{\varepsilon}{\nu}\right\} + \frac{Ak_a\rho_l}{100M_a} RT(\ln[\%a] - \ln[\%a]_e) \tag{7.48}$$

根据 Wagner-Lupise 的活度相互作用系数[208]，RH 精炼非平衡脱碳的钢液内 C、O 等组分的非平衡活度系数 $f_a^{(n)}$ 的平衡分量 $f_a^{(e)}$ 为

$$\ln f_a^{(e)} = 2.302\,6(e_a^a[\%a] + e_a^b[\%b]) \tag{7.49}$$

7.6.3 某些物性参数、热力学和动力学参数的选取和确定

取 1 873 K 下钢液的表面张力、黏度和密度分别为 $\sigma = 1.5$ N/m[209]，$\nu = 0.005\,7$ Pa·s[209]，$\rho_l = 7\,000$ kg/m^3[95]。计算可得：$\beta = 3.87 \times 10^{19}$ J^{-1}，$g' = 2.7 \times 10^{-42}$ m$^{5/2}$s$^{1/2}$。有关的相互作用系数为[209] $e_C^C = 0.243$，$e_C^O = -0.32$，$e_O^C = -0.421$，$e_O^O = -0.17$。

C-O 反应平衡常数

$$\lg K_{CO} = 1\,168/T + 2.07 \text{ [210]} \tag{7.50}$$

$$K_{CO}^{1\,873K} = 494$$

C、O 的扩散系数

$$D_C = 5.2 \times 10^{-7} \exp\left(-\frac{11\,700 \cdot 4.184}{RT}\right), \text{ m}^2/\text{s [209]} \tag{7.51}$$

$$D_C^{1\,873K} = 2.24 \times 10^{-8} \text{ m}^2/\text{s}$$

$$D_O = 5.59 \times 10^{-7} \exp\left(-\frac{12\,000 \cdot 4.184}{RT}\right), \text{ m}^2/\text{s [209]} \tag{7.52}$$

$$D_O^{1\,873K} = 1.26 \times 10^{-8} \text{ m}^2/\text{s}$$

参数 D_{aa} 的确定

根据式(3.65)及(7.6)，有

$$D_{aa} = \rho D_a \left(\frac{1}{c_a} + \frac{\partial \ln(f_a)}{\partial c_a}\right)^{-1} (RT)^{-1} \tag{7.53}$$

动力学参数 τ_p 和 τ_J[211, 212]

$$\tau_p = [2\eta_0 (m_r k_B T/2)^{1/2}]^{1/2} / n k_B T d \tag{7.54}$$

$$\tau_p = 1.08 \times 10^{-12}\ \text{s}$$

$$\tau_J = [D_{aa}(m_r k_B T/2)^{1/2}]^{1/2}/nk_B Td \tag{7.55}$$

$$\tau_{J,\mathrm{C}} = 1.02 \times 10^{-13}\ \text{s}^2/\text{m}$$

$$\tau_{J,\mathrm{O}} = 3.01 \times 10^{-14}\ \text{s}^2/\text{m}$$

7.7 计算方法

基于 Phoenics 软件，取 $q_e(\kappa) = \dfrac{\sinh\kappa}{\kappa} = 1$ 作为初值，根据第六章中所述，计算 RH 脱碳精炼过程中体系内的流场。在此基础上，进行钢液内 C、O 浓度场的求解，估算 Rayleigh-Onsager 耗散函数 κ^2。进行条件判断，若满足条件，转入下一时间步的计算；若不满足条件，则需以此 κ^2 值，重新进行流场和 C、O 浓度场及 Rayleigh-Onsager 耗散函数 κ^2 的计算。为控制计算时间，迭代 30 次后，认为该时间步 κ^2 已经收敛，强制进入下一个时间步的计算。整个过程持续到精炼脱碳过程结束。计算流程如图 7.2 所示。

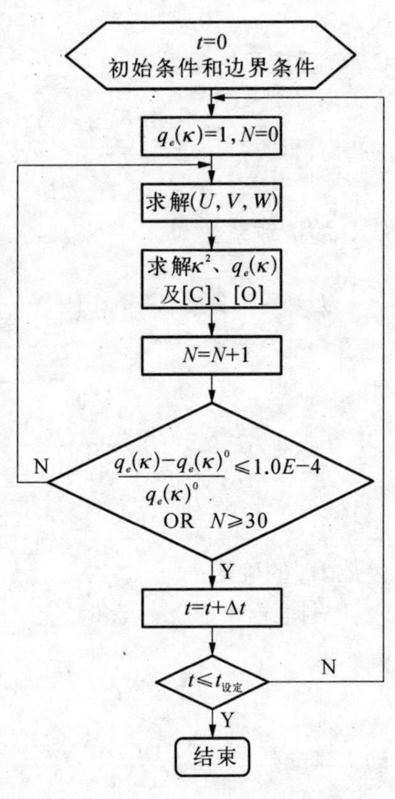

图 7.2 计算流程图

7.8 本章小结

基于非平衡态热力学和气液两相流的双流体模型，分析了钢液

RH 精炼非平衡脱碳过程的特点，建立了一个新的钢液 RH 精炼非平衡脱碳过程的过程数学模型，给出了该模型的具体细节，包括控制方程的建立，边界条件和源项，以及有关参数的选取和确定。

本章符号说明

a_{FeO}	顶渣中氧化铁的活度
A_b	控制体中气泡的表面积/m^2
$A_{C\text{-}O}$	C－O 反应亲和力/(J/mol)
$\left(\frac{Ak_O}{V}\right)_s$	渣中(FeO)还原反应的速率常数/s^{-1}
c_a	组分 a 的质量分数
$\bar{c}_a$	组分 a 的时均质量分数
[%C]、[%O]	钢液内 C、O 的浓度/mass%
C_a	组分 a 的时均浓度/mass%
$[\%C]_e$、$[\%O]_e$	C－O 反应界面处钢液内 C、O 的平衡浓度/mass%
d_b	气泡直径/m
D_a	Fick 扩散系数/(m^2/s)
D_{aa}.	组分 a 扩散过程的唯象系数/(kg・s/m^2)
e_a^a 、e_a^b	组元 a 以 1%溶液作标准态时活度相互作用系数
f_g	气相分数
$f_a^{(e)}$	组分 a 的平衡活度系数
$f_a^{(n)}$	组分 a 的非平衡活度系数
$f_a^{(ne)}$	非平衡过程对组分 a 非平衡活度系数的贡献
F_{O_2}	顶枪的氧气流量/(Nm^3/s)
$\vec{F}$	体系单位质量所受的体积外力/(N/kg)，$\vec{F}=\sum_{a=1}^{r}\vec{F}_a$

g	重力加速度/(m/s^2)
G_k	由剪切力所引起的 k 的体积生成率/($kg/m \cdot s^3$)
h	液相深度/m
$\vec{J}_a$	组分 a 的质量流率/($kg/m^2 \cdot s$)
k	湍动能/(m^2/s^2)
k_C、k_O	钢液侧 C、O 的传质系数/(m^2/s)
K	C－O 反应平衡常数
l	湍流混合长度/m
n_b	控制体中气泡数/m^{-3}
[%O]	钢液中 O 的质量百分含量/mass%
$[\%O]_{se}$	与顶渣相对应的钢液内平衡氧含量/mass%
$[O]_V$	真空室熔池内氧的浓度/$\times 10^{-4}$ mass%
p	流体静压力/(N/m^2)
P_b	气泡内以标准态为基准的压力
P_{CO}	气泡内以标准态为基准的 CO 分压
P_V	真空室内以标准态为基准的压力
P_{CO}^*	由表面张力引起的附加压力(以标准态为基准)
$q_e(\kappa)$	非线性耗散因子
R_C、R_O	C－O 反应速率/($kg/s \cdot m^3$)
t	时间/s
ε	湍动能耗散率/(m^2/s^3)
σ_k、σ_ε	与 k、ε 相应的 Schmidt 数
T	体系的绝对温度/K
$\vec{u}$	速度/(m/s)
u_{slip}	气泡和钢液间的滑移速率/(m/s)
U、V、W	坐标 x、y、z 方向的速度/(m/s)
U_i	坐标 i 方向的时均速度/(m/s)
ν_a	C－O 反应中组分 a 的化学计量系数与其摩尔

	质量的乘积/(kg/mol)
V_{cell}	控制体体积/m^3
V_g、V_l	控制体中气相和液相的体积/m^3
V_V	真空室熔池的体积/m^3
x、y、z、x_i	直角坐标/m
β, g'	动力学参数
$\vec{\gamma}$	剪切速率张量/s^{-1}，$\vec{\gamma} = \chi^{(1)}$
η_t	湍流涡黏度/Pa·s
η_0	流体的动力黏度/Pa·s
κ^2	Rayleigh-Onsager 函数(无量纲)
Λ^c_{C-O}	C－O 反应速率/(mol/m^3·s)
$\hat{\mu}_a$	单位质量组分 a 的化学势/(J/kg·mol)
ν	钢液的运动黏度/(m^2/s)
$\vec{\Pi}$	代表剪切应力/(N/m^2)
ρ	流体密度/(kg/m^3)
σ	钢液的表面张力/(N/m)
τ_p、τ_J	与流体物性有关的动力学参数/(s, s^2/m)
$\chi_a^{(4)}$	驱动质量流的热力学力

第八章　钢液 RH 精炼非平衡脱碳过程的数学模拟：模型的应用及结果

在第七章中，针对钢液 RH 精炼非平衡脱碳过程，应用非平衡态热力学理论和双流体模型，提出和描述了一个新的数学模型。为考察其合理性和可靠性，应用该模型于 90 t 多功能 RH 装置内钢液的实际精炼过程，模拟和分析了 RH 和 RH－KTB 条件下的脱碳，并以所得的结果与精炼过程中的观测数据作了比较。本章介绍有关结果。

8.1　计算结果

考察了钢液的初始成分、顶吹氧量、吹 Ar 量（环流量）以及非平衡因素等对钢液脱碳精炼过程的影响。本工作所取的 90 t RH 装置内实际 RH 和 RH－KTB 精炼过程的工况列于表 8.1，分别对应于 4 个炉号；相应各工况下钢包内顶渣的条件（实际测定的化学成分）示于表 8.2。精炼过程中真空室内两种典型的压力变化模式如图 8.1 所示，其中模式 a 和 b 分别对应于 RH 和 RH－KTB 过程。

表 8.1　本工作考察的 90 t RH 装置内实际 RH 和 RH－KTB 精炼过程的工况

工　况		1	2	3	4
钢液初始成分，	[C]	260	230	390	470
$\times 10^{-4}$ mass%	[O]	769	869	525	494
顶吹 O_2 流量，NL/min			—	4 000	14 000

续 表

工　况	1	2	3	4
顶吹 O_2 时间,min	—		5(从第 2 分钟起)	
真空室内压力的变化模式	*a*		*b*	
Ar 流量,NL/min	417			

表 8.2　90 t RH 装置内实际 RH 和 RH－KTB 精炼中顶渣实测成分/mass%

组　分		SiO_2	CaO	MnO	T. Fe	P_2O_5	Al_2O_3	MgO	S
工况 1	脱碳前	10.62	33.046	3.229	18.394	0	17.759	10.284	0.005
	脱碳后	14.134	27.694	3.491	7.319	0	34.946	12.293	0
工况 2	脱碳前	16.99	40.23	3.089	9.014	0	17.509	11.589	0.064
	脱碳后	14.8	30.956	3.237	7.193	0	32.836	11.468	0.006
工况 3	脱碳前	7.6	38.92	1.41	21.78	0.73	14.43	6.04	0.029
	脱碳后	7.18	35.89	1.38	21.22	0.69	15.55	8.2	0.02
工况 4	脱碳前	16.62	25.91	2.9	12.56	0.15	25.79	7.67	0.02
	脱碳后	11.44	30.19	2.46	15.50	0.48	22.89	7.77	0.019

图 8.2 给出了 90 t RH 装置的三个剖面和实际精炼过程中取样点在钢包内的位置,其中 A－A 为通过两插入管轴线的对称纵剖面;B－B 和 C－C 分别为真空室上部(真空室熔池液面以下 220 mm)和钢包下部(钢包底面以上 710 mm)的横截面;取样点 P 位于钢包中轴线上距钢包底面约 1 534 mm。对应于图 8.2(a)和(b)中所示的纵剖面 A－A 及横截面 B－B 和 C－C,由该模型估计的工况 1(RH 处理)下不同时刻钢液内 C、O 浓度的等值线分别示于图 8.3～图 8.8;相应地,工况 4(RH－KTB 处理)下不同时刻钢液内 C、O 浓度的等值线分别示于图 8.9～图 8.14。

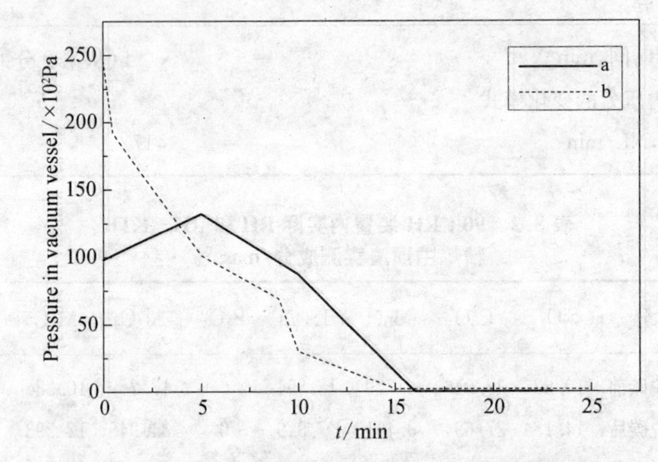

图 8.1　90 t RH 装置内实际 RH 和 RH-KTB 精炼过程中真空室内两种典型的压力变化模式

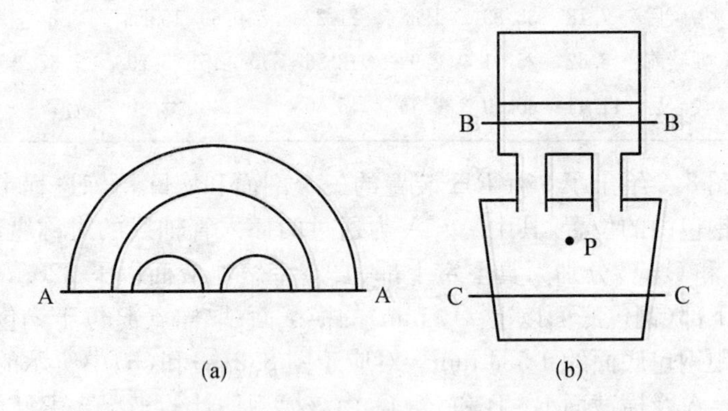

图 8.2　90 t RH 装置的半俯视图(a)和过两插入管轴线的纵剖面(b)示意图

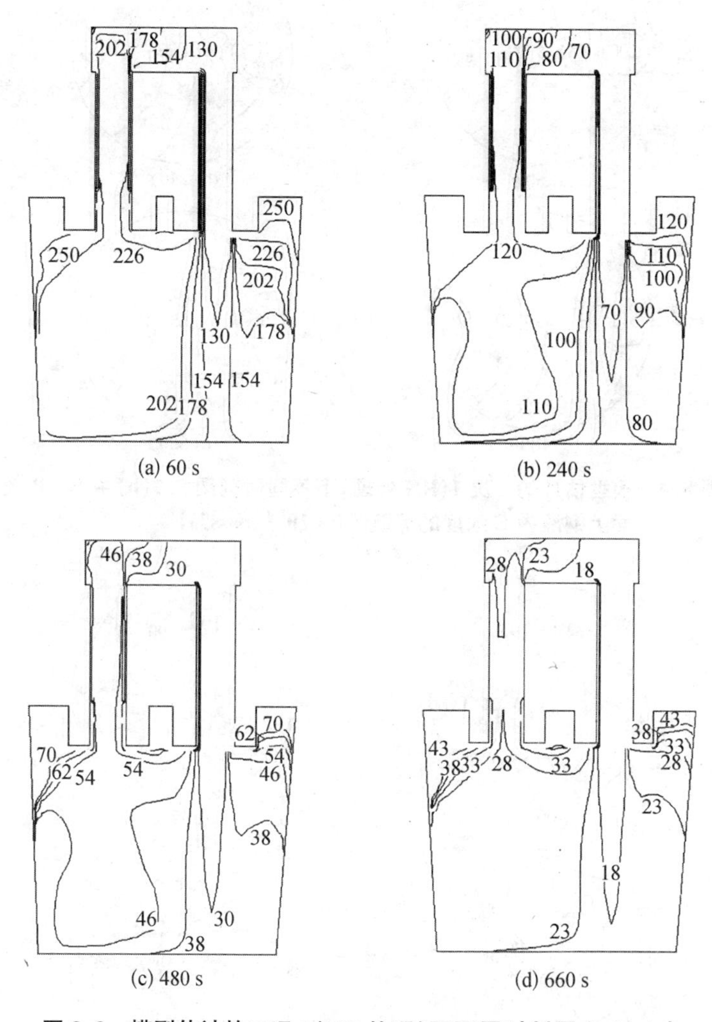

图 8.3　模型估计的工况 1(RH 处理)下不同时刻图 8.2(a)中 A-A 截面上钢液内 C 浓度的等值线($\times 10^{-4}$ mass%)

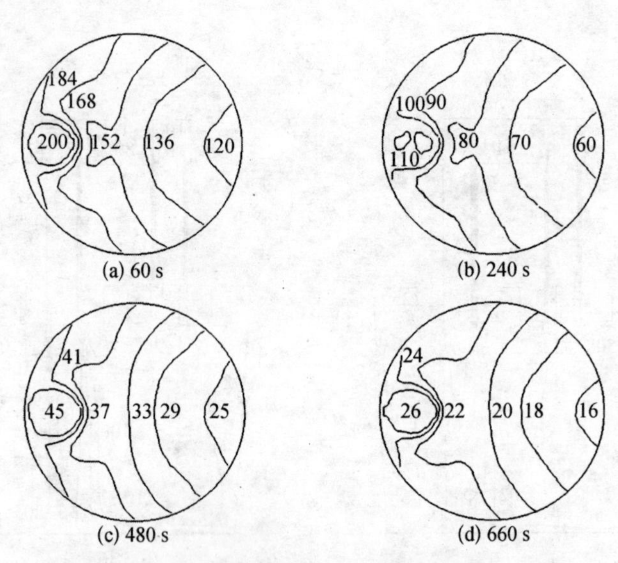

图 8.4　模型估计的工况 1(RH 处理)下不同时刻图 8.2(b)中 B－B 截面上钢液内 C 浓度的等值线($\times10^{-4}$ mass%)

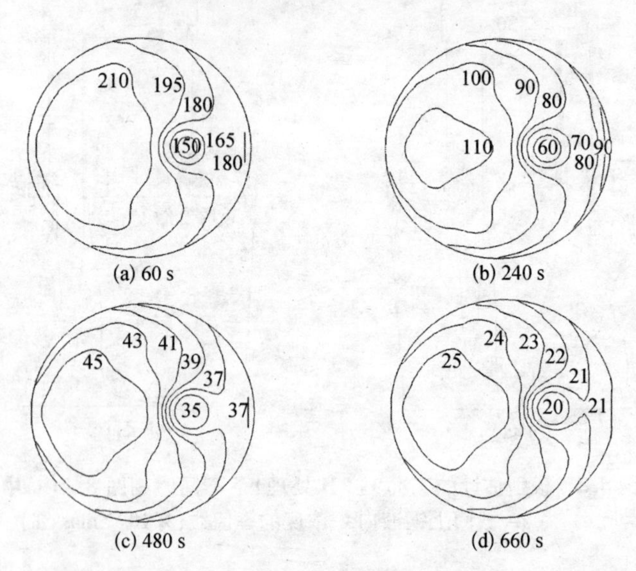

图 8.5　模型估计的工况 1(RH 处理)下不同时刻图 8.2(b)中 C－C 截面上钢液内 C 浓度的等值线($\times10^{-4}$ mass%)

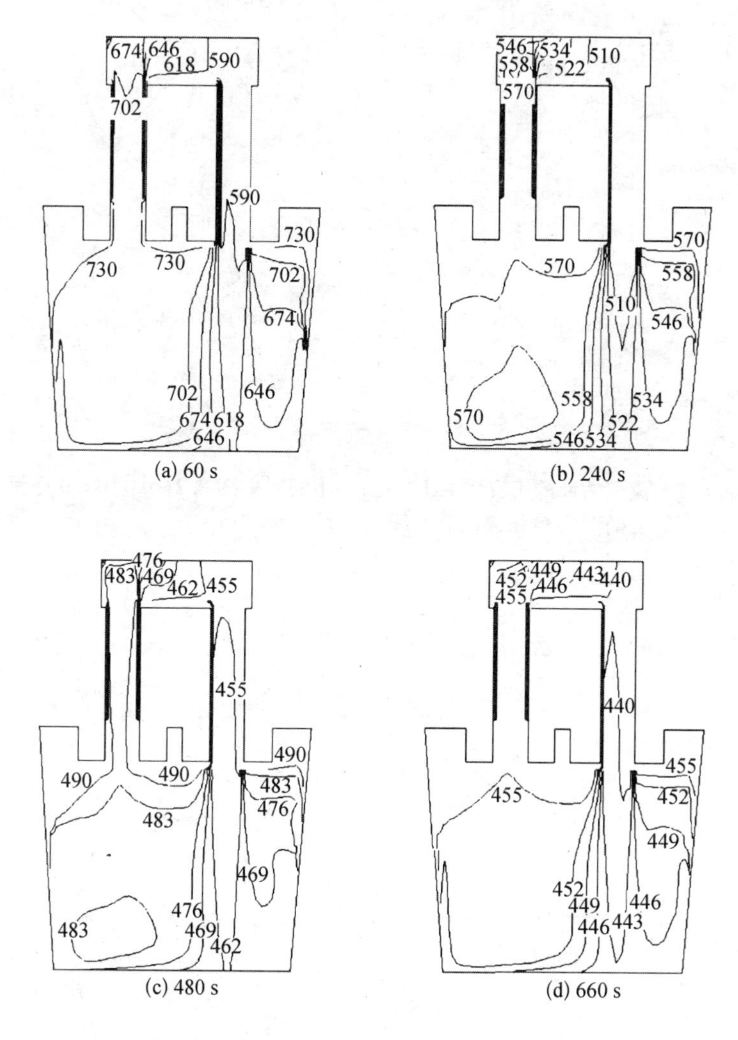

图 8.6　模型估计的工况 1(RH 处理)下不同时刻图 8.2(a)中 A－A 截面上钢液内 O 浓度的等值线($\times 10^{-4}$ mass%)

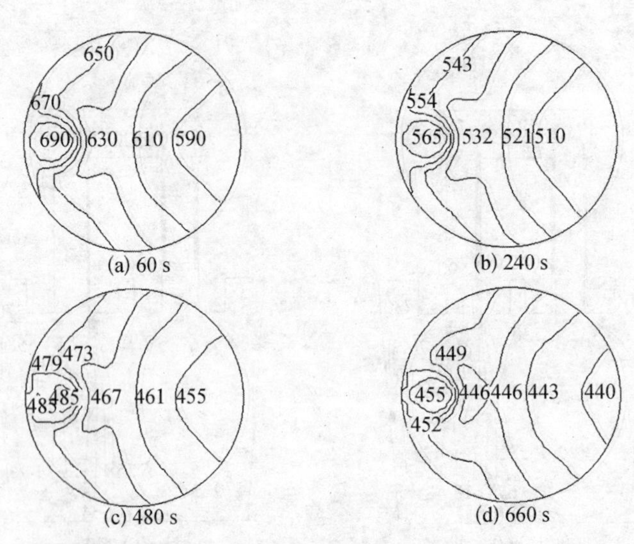

图 8.7　模型估计的工况 1(RH 处理)下不同时刻图 8.2(b)中 B-B 截面上钢液内 O 浓度的等值线(×10^{-4} mass%)

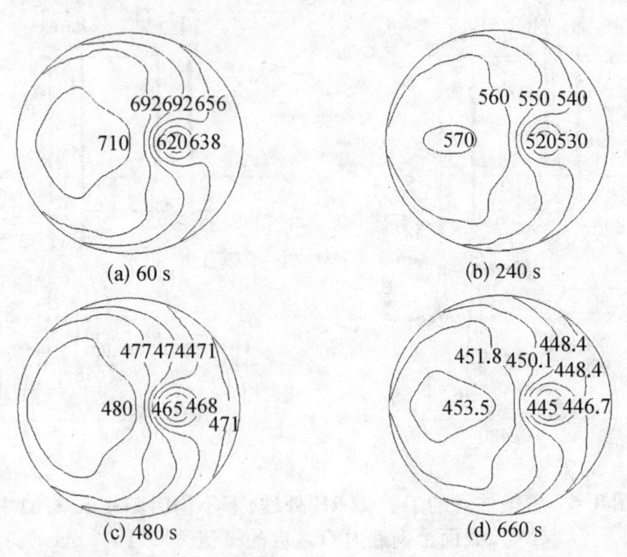

图 8.8　模型估计的工况 1(RH 处理)下不同时刻图 8.2(b)中 C-C 截面上钢液内 O 浓度的等值线(×10^{-4} mass%)

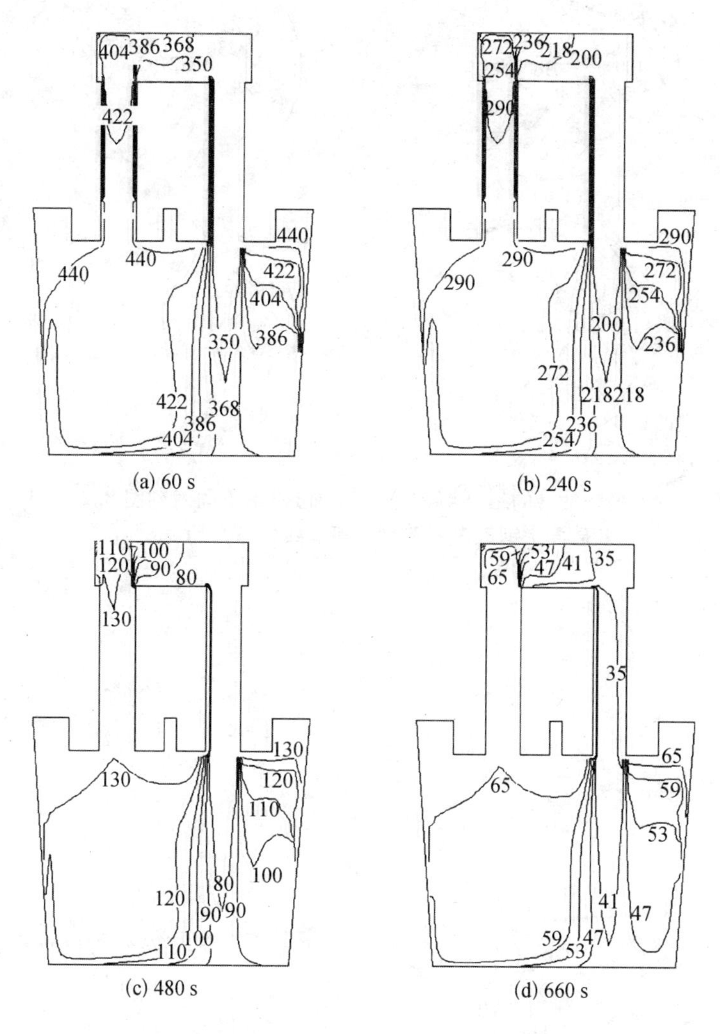

图 8.9　模型估计的工况 4(RH－KTB 处理)下不同时刻图 8.2(a)中 A－A 截面上钢液内 C 浓度的等值线($\times 10^{-4}$ mass%)

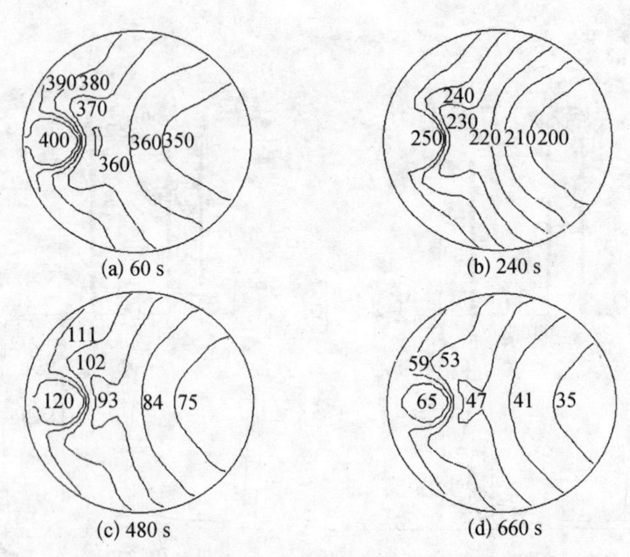

图 8.10　模型估计的工况 4(RH－KTB 处理)下不同时刻图 8.2(b)中 B－B 截面上钢液内 C 浓度的等值线($\times 10^{-4}$ mass%)

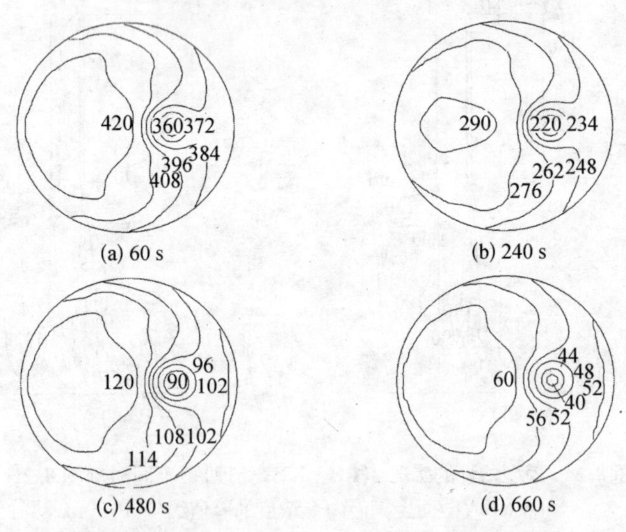

图 8.11　模型估计的工况 4(RH－KTB 处理)下不同时刻图 8.2(b)中 C－C 截面上钢液内 C 浓度的等值线($\times 10^{-4}$ mass%)

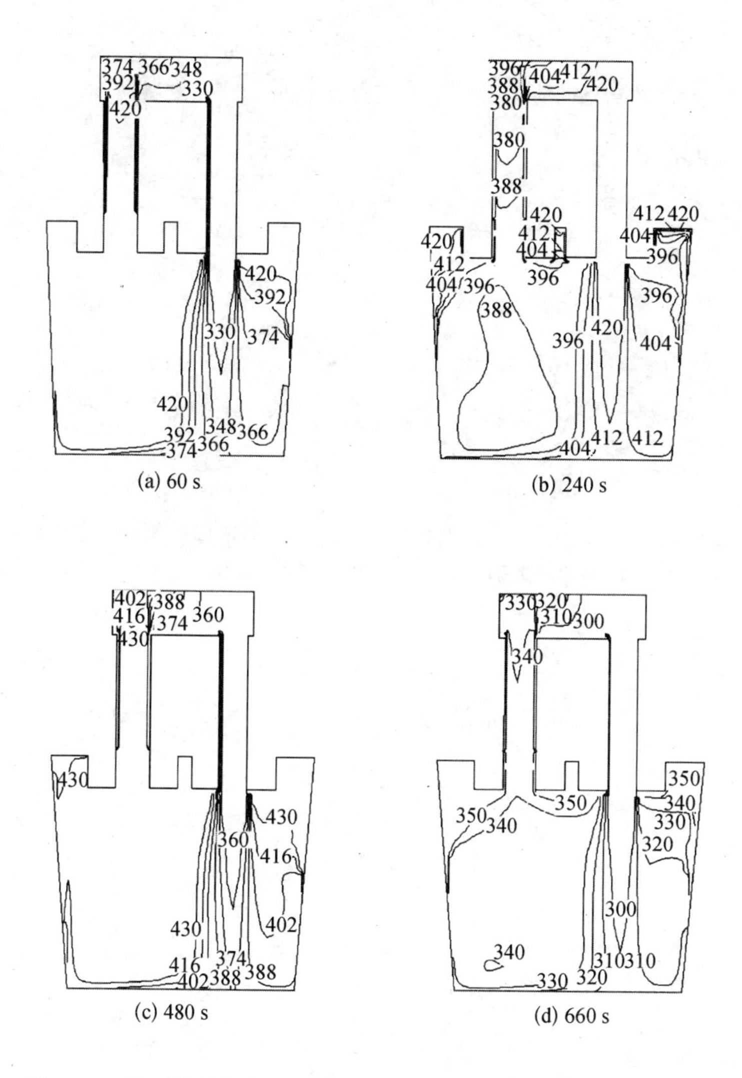

图 8.12 模型估计的工况 4(RH-KTB 处理)下不同时刻图 8.2(a)中 A-A 截面上钢液内 O 浓度的等值线($\times10^{-4}$ mass%)

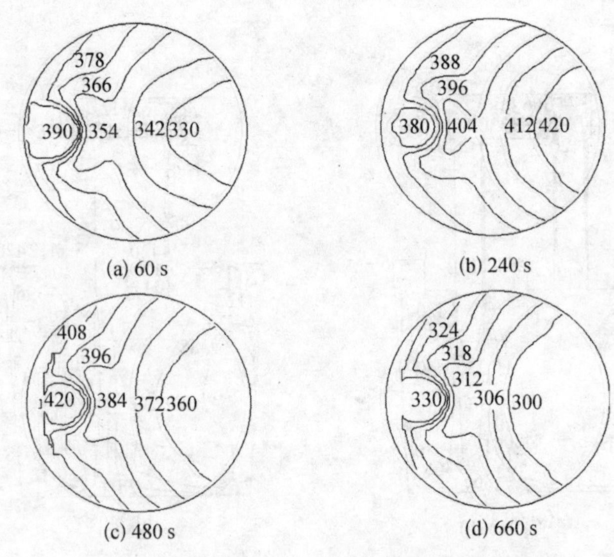

图 8.13　模型估计的工况 4(RH－KTB 处理)下不同时刻图 8.2(b)中 B－B截面上钢液内 O 浓度的等值线($\times 10^{-4}$ mass%)

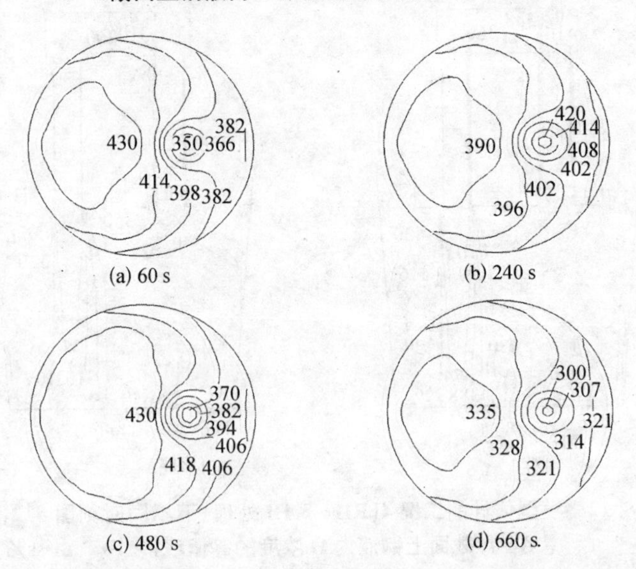

图 8.14　模型估计的工况 4(RH－KTB 处理)下不同时刻图 8.2(b)中 C－C截面上钢液内 O 浓度的等值线($\times 10^{-4}$ mass%)

8.2 结果分析及讨论

8.2.1 钢液内 C、O 浓度的分布及变化规律

由图 8.3～8.14 可见，无论是常规 RH 还是 RH－KTB 过程，精炼期间整个体系钢液内碳和氧浓度的分布是不均匀的。对应于每个处理瞬刻，钢包顶部渣/金界面附近区域钢液的碳浓度最高，钢包内上升管入口下方和下降管液流与钢包侧壁所夹区域钢液的碳浓度次之，真空室熔池的碳浓度更低，下降管进口附近、下降管内部及出口附近钢液的碳含量最低(图 8.3 和图 8.9)。在本工作所取的常规 RH 和 RH－KTB 精炼条件下，钢包内钢液碳浓度的最大差异分别约在平均值的 1/2 和 1/3 范围内。在两个横截面上，钢液内碳的浓度虽也呈不均匀分布，相对而言，差异要小得多(图 8.4、图 8.5、图 8.10 和图 8.11)。总体上说，整个体系钢液内碳的浓度还是比较均匀的，显示了较好的混合效果。

从根本上说，在给定的操作条件下，RH 装置钢包和真空室内碳和氧的浓度分布和均匀性与钢液的循环流动和钢液内碳及氧的扩散密切相关，相比之下，钢液的循环流动当起主导作用，决定着体系内的混合和传质过程。根据式(7.28)和(7.29)，脱碳反应的驱动力是反应界面处碳、氧的浓度梯度，严格说为化学位梯度。因此，RH 脱碳精炼过程中钢液的循环流动特性对碳氧反应的速率及其浓度分布当有极大的影响。对应于第六章中给出的整个 RH 装置内钢液的流场(图 6.3～图 6.6)及湍流动能分布(图 6.7 和图 6.8)，钢包顶部渣/金界面附近区域不很活跃的钢液流动使钢液内碳的浓度始终保持在体系的最高水平；存在于上升管下方的大回流，下降管和其靠近的钢包侧壁间相对封闭的环流，以及真空室内相当充分的湍流流动使这三个区域内碳和氧浓度的均匀性得以显著改善；由于液液两相流的存在，来自真空室经下降管排出的液流和其周围钢液内碳和氧浓度的分布状态受液液两相流的规律所制约，动量、能量和质量的传递速率

小于湍流状态下的速率。相应地，该区域钢液内碳的浓度处于体系的最低水平。

在吹入上升管内的提升气体所产生的浮力作用下，钢包内上升管入口附近含碳量较高的钢液进入上升管，并在上升管内与Ar气泡的界面处发生脱碳反应，其碳浓度有所降低；进入真空室后，与其中的钢液混合，与此同时，随着向下降管进口方向的持续流动，得以于真空下被处理，在其内部和表面连续经历碳-氧反应，碳浓度迅速下降，在下降管进口附近达最低值；之后，经真空脱碳精炼的钢液经下降管径直流向钢包，与其中碳浓度较高的钢液发生混合，从而完成一个周期的脱碳精炼反应。

与钢包内的情况相比，由于湍流强度更大，真空室内钢液的碳浓度分布更为均匀些，显示了更好的混合效果。即便如此，真空室内的钢液也并非处于完全混合状态。随着处理过程的进行和碳-氧反应的持续发生，各区域钢液内碳浓度的差异逐渐减小，体系的成分均匀性逐渐得以改善。

常规RH精炼(工况1和2)条件下，钢液内氧浓度的分布及变化规律与碳浓度的情况相类似。在RH-KTB精炼(工况3和4)过程中，钢液内氧浓度的分布与碳浓度的情况有所不同。如图8.12～图8.14所示，在KTB操作开始以前和结束以后，氧和碳在各区域钢液内的分布和变化规律相一致，而在KTB操作期间，真空室钢液内的氧含量显著增高，在下降管进口附近、下降管内部及出口附近区域钢液的氧含量最高，脱碳精炼终点相应的氧含量也更高。

8.2.2 KTB操作对RH精炼脱碳过程的影响

对应于图8.2中所示的取样点位置，由该模型估计的RH精炼(工况1、2)和RH-KTB精炼(工况3、4)下钢液内C、O浓度随处理时间的变化分别示于图8.15和图8.16。可以看到，该模型对4种工况估计的结果与实测值均相当吻合，可用于预测钢液RH和RH-KTB精炼脱碳过程。

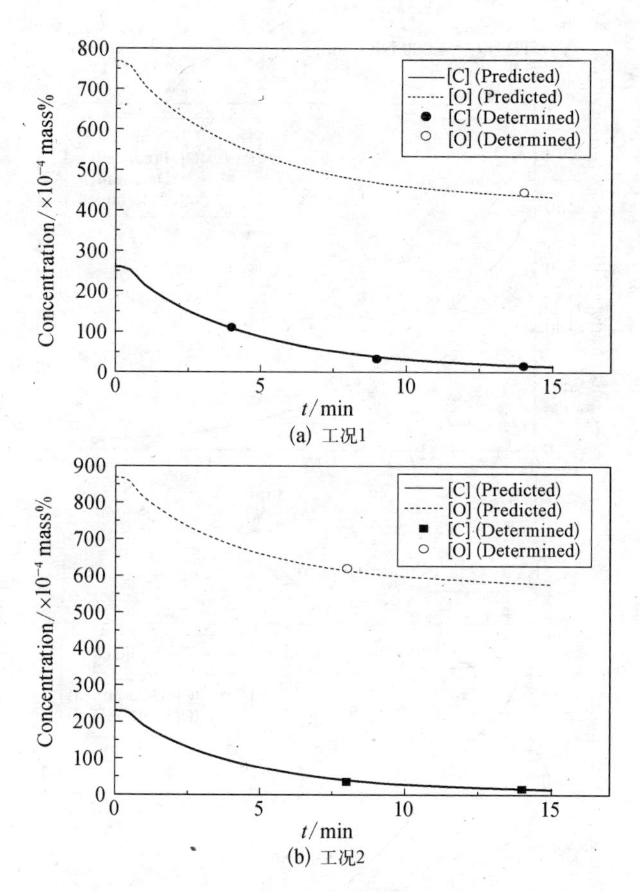

(a) 工况1

(b) 工况2

图 8.15 模型估计的 RH 精炼过程中钢液内 C、O 含量随处理时间的变化及钢液内 C、O 浓度的实测值

有必要指出，文献中大多采用体积平均浓度（$\sum[\mathrm{C}]_i V_i/\sum V_i$，$[\mathrm{C}]_i$ 和 V_i 分别为计算单元钢液的碳浓度和体积）与处理时间的关系表示精炼过程中钢液内碳和氧含量的变化。注意到精炼过程中钢液内成分的不均匀性和取样点的位置基本不变，本工作以不同瞬刻取样点所在计算单元的计算结果表征精炼过程中钢液内碳和氧含量的

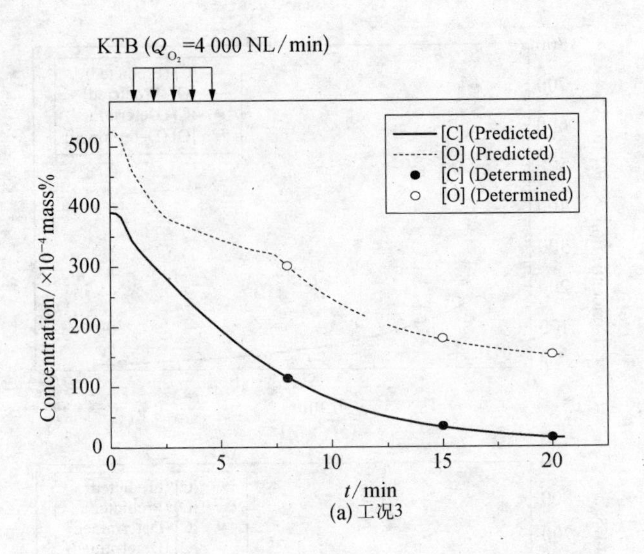

(a) 工况3

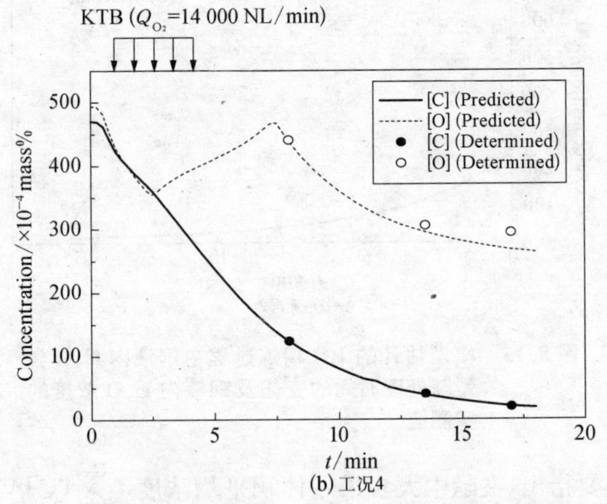

(b) 工况4

图 8.16 模型估计的 RH 精炼过程中钢液内 C、O 含量随处理时间的变化及钢液内 C、O 浓度的实测值

变化当更为贴切，与实际观测数据有更好的可比性。

如图 8.15 和图 8.16 所示，精炼初期，脱碳反应相当剧烈，脱碳速率较大，随着脱碳过程的进行和碳浓度的降低，脱碳反应速率逐渐衰减，当碳浓度达$<20\times10^{-4}$ mass%的水平后反应相当缓慢，逐渐趋于滞止状态。

KTB 操作并不会改变 RH 精炼中脱碳过程的机理，它的影响主要在于提高脱碳速率从而缩短脱碳处理的时间和提高转炉的终点碳含量[96, 95]。从图 8.15 可以看出，当初始碳含量为 300×10^{-4} mass%左右时，钢液中所含的氧足够 RH 精炼脱碳反应的需要，而且还有剩余。在这种情况下，决定 RH 精炼过程脱碳速率最主要的因素是钢液内碳的传质，从这个角度来说，不需要吹入额外的氧气以促进碳氧反应。在 RH 精炼条件下进行自然脱碳，对工况 1 和 2，分别经过$\leqslant$13 min和$\leqslant$12.5 min的处理，可以达到使钢中碳含量降至$\leqslant20\times10^{-4}$ mass%水平的目标。

图 8.17 为除无顶吹氧操作外，其他条件均与工况 3 和 4 相同的情况下，模型估计的精炼过程中钢液内碳和氧含量随处理时间的变化。可以看出，当初始碳含量高于 400×10^{-4} mass%时，由于钢液内氧的传质成为 RH 精炼过程中脱碳速率的决定性因素，即使在处理前期和中期，脱碳速率也较小，由自然脱碳很难在合理的时间内使钢中碳含量降至$\leqslant20\times10^{-4}$ mass%的水平。提高转炉终点碳含量有利于防止钢液的过氧化，然而，钢液的氧含量相应降低，不能满足 RH 精炼过程中脱碳的需要。在这种情况下，采用 KTB 操作，不仅能够有效地补充脱碳所需的氧，并且能够使脱碳显著加速。由图 8.15 和图 8.16 中给出的模型估计结果可见，在钢液碳含量$\geqslant400\times10^{-4}$ mass%的情况下，KTB 操作的效果才得以显露。在 $Q_{O_2}=4\ 000$ NL/min 的流量下顶吹氧 5 min 的 RH - KTB 精炼过程中，经 17 min 可使钢液含碳量从 400×10^{-4} 降至$\leqslant20\times10^{-4}$ mass%的水平，与 RH 精炼过程相比，脱碳速率明显得以提高，脱碳处理所需的时间显著缩短。把顶吹氧量从 4 000 提高到 14 000 NL/min，可在 18～20 min 内使钢中的碳从 $470\times$

10^{-4} mass%顺利降至≤20×10^{-4} mass%。如前所述，只要转炉、RH和连铸机三者的操作周期能相互匹配，可将转炉终点碳含量进一步提高到 550×10^{-4} mass%，甚至 700×10^{-4} mass%，从而有可能提高转炉终点碳浓度，使转炉炼钢的负荷得以减轻[95]。

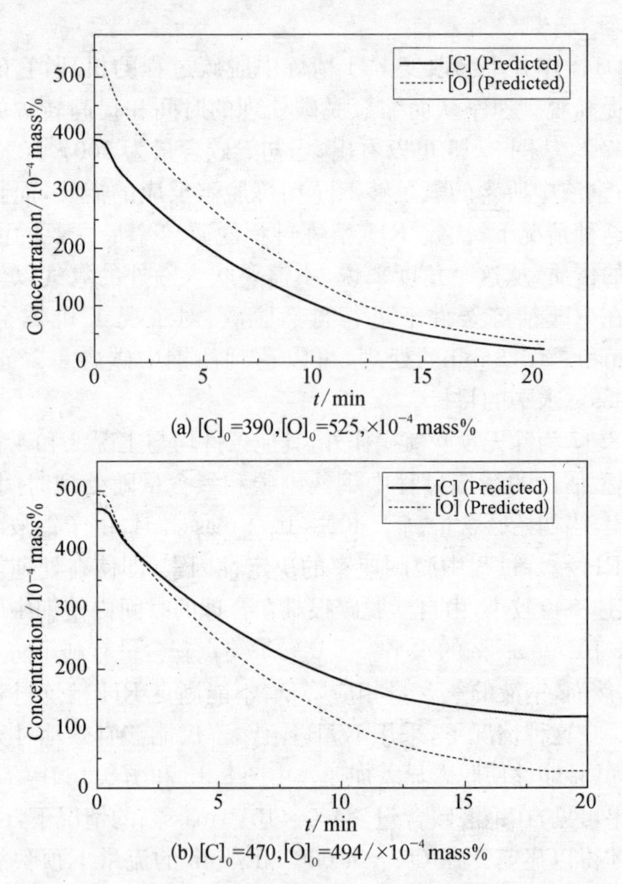

(a) $[C]_0=390,[O]_0=525,\times10^{-4}$ mass%

(b) $[C]_0=470,[O]_0=494/\times10^{-4}$ mass%

图 8.17 模型估计的 RH 精炼过程中钢液内 C、O 含量随处理时间的变化（$Q_{Ar}=417$ NL/min）

综合图 8.15 和图 8.16，RH（工况 1、2）和 RH－KTB（工况 3、4）精炼过程中钢液内碳和氧含量的关系示于图 8.18。可以看出，生产超低碳钢时，对于需经 RH－KTB 处理的钢液，由于转炉终点碳含量较高，相应地，其初始氧含量较低，脱碳处理结束时，钢中的氧含量比常规 RH 处理情况下低得多，由此可以减少脱氧剂的耗量；另外，从钢中夹杂的角度看，这不仅能控制进入 RH－KTB 处理的钢液的夹杂量，还可减少脱氧所产生的夹杂，于纯净钢的生产是有利的。

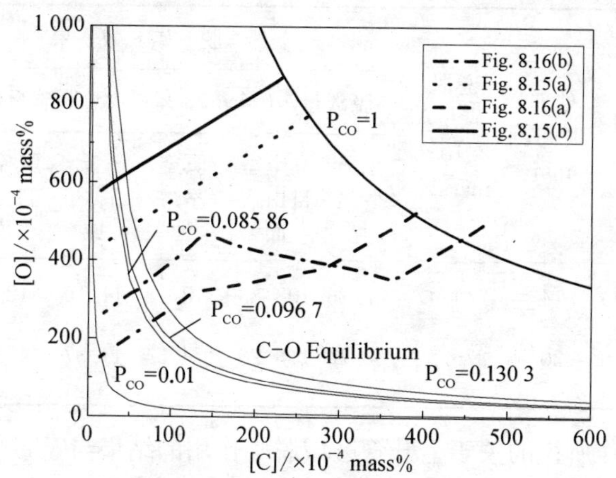

图 8.18 RH(工况 1、2)和 RH－KTB(工况 3、4)精炼过程中钢液内碳和氧含量的关系

8.2.3 各反应区域对脱碳的贡献

在 RH(工况 1)和 RH－KTB(工况 3)精炼条件下，对应于图8.15(a)和图 8.16(a)，由该模型估计的三个精炼反应区域的脱碳量示于表 8.3。可以看到，在给定的操作条件下，无论是 RH 还是 RH－KTB 操作，上升管中的精炼效果都最差，但仍然达到总脱碳量的11.15%～11.37%。对于自由表面区域(这里包含了生成的液滴群)，尽管其相应的钢液量不大，由于其反应表面积大，精炼效率相当高，精炼效果远优于上升管区域，达 42.15%～42.47%。真空室熔池部位的脱碳效果最好，占总脱碳量的 46.38%～46.48%。这里给出的数据为 14 min和 20 min 的处理期间内的平均值。随着精炼过程的进行，钢液内碳和氧的含量连续变化。由图8.3和图8.9给出的该模型的估计结果可以看出，在这三个反应位置的精炼量与总脱碳量的比相应变化，与处理1 min后的情况相比，处理6 min后，上升管区域的脱碳量要小得多，而经11 min后，上升管区域的贡献已几乎为零。

表8.3 各脱碳反应区域的脱碳量

处理模式	处理时间，min	总脱碳量/$\times 10^{-4}$ mass%	脱碳效果					
			脱碳量/10^{-4} mass%			占总脱碳量的比率/%		
			上升管区域	真空室自由表面	真空室熔池	上升管区域	真空室自由表面	真空室熔池
RH(工况1)	14	244.47	27.26	103.83	113.38	11.15	42.47	46.38
RH-KTB(工况3)	20	375.52	42.70	158.28	174.54	11.37	42.15	46.48

本工作所得的关于上升管区域脱碳作用的结果与Wei等[95, 96]由一维模型估计的精炼效果相当吻合，与Watanabe等[142]和Takahashi等[94]分别给出的1/3和35.5%相去甚远，与Kuwabara等[134]可以忽略不计的结论也不相符。正如Wei等[95]指出的那样，Watanabe等和Takahashi等都没有适当或充分考虑上升管内气体-钢液两相流的状态，过高地估计了氩气泡在上升管中的停留时间，而Kuwabara等不仅没有考虑上升管内气体-钢液两相流的状态，而且由于没有合理地注意两相流中的含气率而过高地估计了上升管内的钢液量。

因此，在研究和模拟RH和RH-KTB精炼过程中的脱碳时，必须同时考虑上升管区段和真空室内液滴的精炼作用，并充分和适当地注意RH装置内的流动状况，仅考虑真空室熔池内的精炼作用是不妥的。对实际精炼过程而言，改善真空室内的精炼条件当能显著提高脱碳效率。例如，通过真空室底部[134]和侧面吹Ar[18]以增大气体-钢液反应界面和进一步改善真空室内的混合状况能够明显提高脱碳反应的速率，特别是在处理后期。

8.2.4 驱动气体流量对脱碳精炼的影响

图 8.19 为不同吹 Ar 量下模型估计的 90 t RH 装置内常规 RH 精炼过程中钢液内碳含量随处理时间的变化。

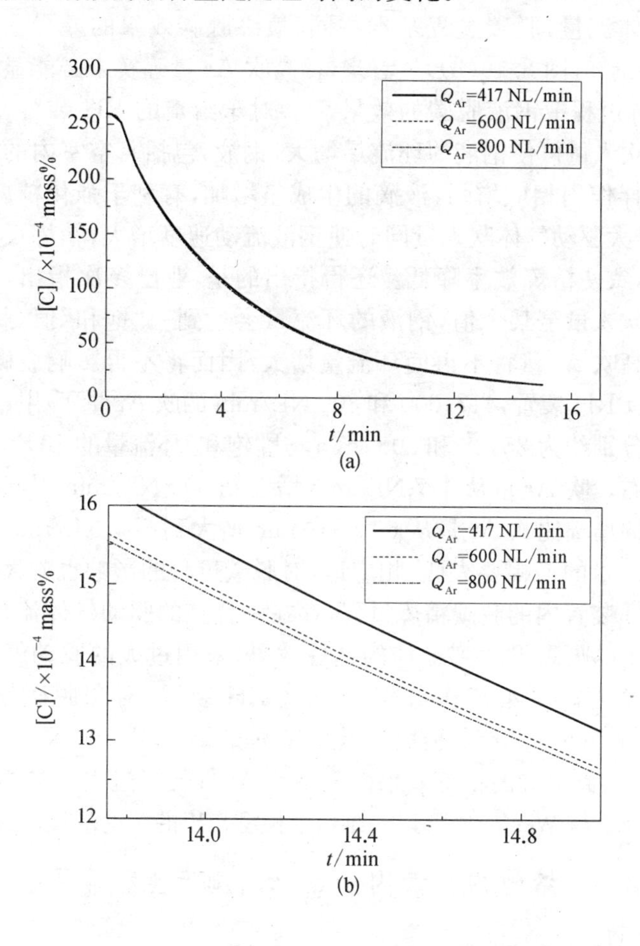

图 8.19 不同吹 Ar 量下模型估计的 90 t RH 装置内常规 RH 精炼过程中钢液碳含量随处理时间的变化

可以看出，保持工况1的其他条件不变，吹Ar量从417 NL/min增大到600 NL/min，脱碳速率略有增大；从600 NL/min增大到800 NL/min，脱碳速率几乎不变。在给定的这三个吹氩量的RH精炼条件下，为使钢液的碳含量从260×10^{-4} mass%降到$\leqslant 20\times10^{-4}$ mass%的水平所需的处理时间都为13～14 min。对于不同的提升气体流量，脱碳过程基本相同，最终脱碳效果的差异小于1×10^{-4} mass%(图8.19(b))。看来，提高吹Ar量确实未必能显著改善RH精炼过程中钢液脱碳的效果[95]。对于给定的RH装置，增大驱动气体吹入量可使钢液的环流量增大，钢液，包括真空室内的钢液受到的搅拌作用相应增强，液滴的生成量增加，有利于强化精炼过程。但是，增大驱动气体吹入量同时使钢液流动速度增大，精炼反应的时间缩短，致使精炼效率降低。还得指出的是，业已多次指出，增大驱动气体吹入量至某个值，钢液的环流量会达到一"饱和"值，此后，进一步提高吹Ar量将不再使环流量增大，因而将不再影响脱碳过程。对于90 t RH装置，417，600和800 NL/min的吹Ar量下相应的钢液环流量分别约为25，28和30 t/min，达"饱和"环流量的80%，90%和96%左右。吹Ar量从417 NL/min增大到600 NL/min引起的钢液环流量的增幅比吹Ar量从600 NL/min增大到800 NL/min导致的钢液环流量的增幅要大些，相应地，对脱碳过程的影响也略大。对于给定RH装置内的脱碳精炼过程，存在一合宜的驱动气体流量，以之可在较少的喷溅下达到最佳的精炼效果，采用过大的驱动气体流量未必会更好。对本工作考察的90 t RH装置，对深脱碳钢，采用417 NL/min的吹Ar量能获得较好的精炼效果，采用600 NL/min的吹Ar量，可达到更好的精炼效果而又不致Ar气耗量过大。本工作所得的这些结果与Wei等[95, 96]以一维数学模型作出的结论基本一致。

8.2.5 熔池内耗散因子$q_e(\kappa)$、熵产生和非平衡活度系数的分析

图8.20～图8.25分别示出了工况1和工况4下钢液内的

Rayleigh-Onsager（瑞利-昂萨格）耗散函数、熵产生和能量耗散、C、O 非平衡活度系数的分布及非平衡过程对 C－O 反应的影响。

耗散因子 $q_e(\kappa)$ 的分析 由图 8.20 给出的 RH 和 RH－KTB 精炼过程中 Rayleigh-Onsager 耗散函数 κ^2 值在熔池内的分布可以看出，整个精炼过程中，所研究的体系内 κ^2 值都小于 10^{-13} 数量级。这提示，在低碳和超低碳钢的 RH 精炼过程中，气泡穿过液相时所作的曳力功、黏性和湍流耗散、扩散及化学反应等非平衡过程对 Rayleigh-Onsager 耗散函数 κ^2 的贡献不大。根据式(3.11b)，可得在反应过程中非线性耗散因子

$$q_e(\kappa) \approx 1 \tag{8.1}$$

在整个流场中处处成立，相应地，黏性剪切过程和扩散过程的本构关系式(7.2)和(7.8)可分别转化为如下形式

$$2\eta_0\vec{\gamma} = \vec{\Pi} \tag{8.2}$$

$$\vec{J}_a = -\rho D_a \nabla c_a \tag{8.3}$$

这与通常将钢液作为牛顿流体处理及视稀溶液中元素的扩散过程符合 Fick 扩散第一定律相吻合；另一方面，这似乎也表明前述作时均处理时尝试将 $q_e(\kappa)$ 视为常数是可行的。这意味着从非平衡态热力学的角度而论，低碳和超低碳钢的 RH 精炼过程大体上似乎接近非平衡态的线性区。

有必要指出，作为应用非平衡态热力学于钢液 RH 精炼这样典型的多相、复杂、异形火法冶金过程研究的初次尝试，本工作取 $q_e(\kappa) = \dfrac{\sin h\kappa}{\kappa} = 1$ 为初值，也属一种简化处理，是否有更合宜的表征过程非线性特征的函数和处理方法，尚需作进一步的研究和探索。

体系内的熵产生 图 8.21 所示为体系内的平均熵产生 $\sigma_{ent,i}$（$\sigma_{ent,av} = \sum_i \sigma_{ent,i} V_i / \sum_i V_i$，$\sigma_{ent,i}$ 和 V_i 分别为计算单元内的熵产生和体积）随时间的变化。顺便指出，“熵产生”代表的是单位体积内产生熵的速率，即熵源强度。

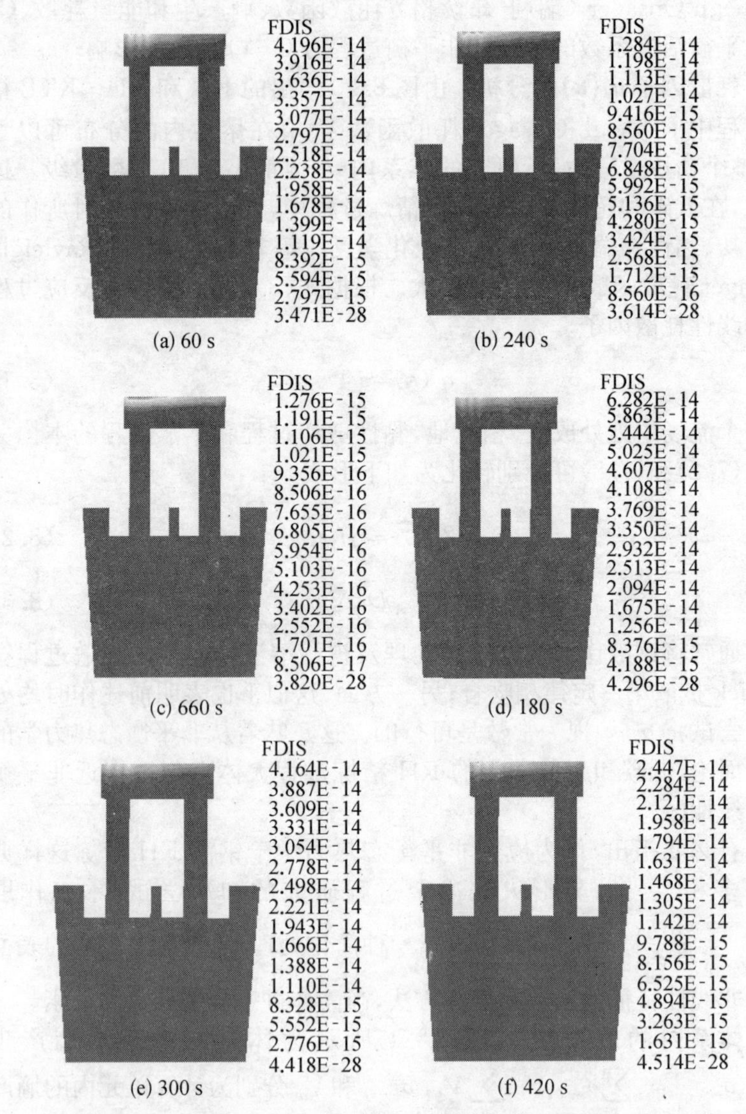

图 8.20 Rayleigh-Onsager 耗散函数 κ^2 值在计算域中的分布

a—c：工况 1；d—f：工况 4

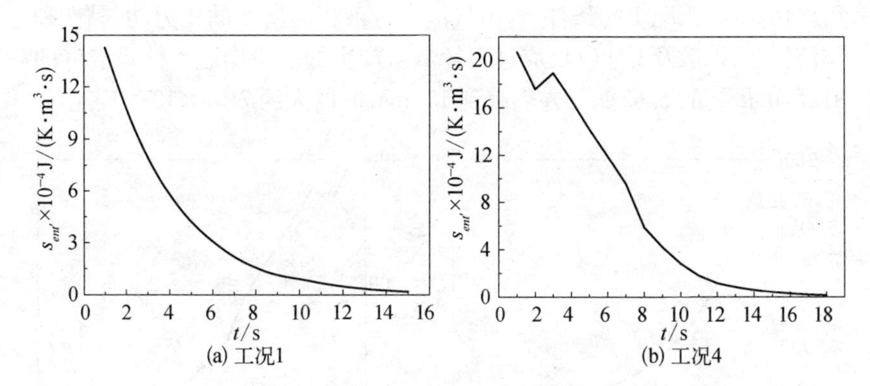

图 8.21 体系内的平均熵产生随时间的变化

由该图可以看出，随着处理时间的增长，体系内的熵产生很快减小，对工况 1，由最初的 1.4×10^5 J/(K · m^3 · s)降到 15 min 时的 1.8×10^3 J/(K · m^3 · s)；对工况 4，KTB 操作使体系的熵产生不仅在 KTB 操作期间发生变化，而且使其在整个精炼过程中的变化规律也有改变，由最初的 2.1×10^5 J/(K · m^3 · s)降低到 18 min 时的 1.5×10^3 J/(K · m^3 · s)。与气泡穿过液相时所作的曳力功、黏性和湍流耗散及扩散过程相比较，C－O 反应本身对熵产生起主导作用，随着脱碳反应的向前推进，该过程逐渐趋于平衡态，相应地，熵产生逐渐减小。

如上所述，依据非平衡态热力学的观点，低碳和超低碳钢的 RH 精炼过程似乎接近非平衡态的线性区。在这种情况下，体系内的平均熵产生随精炼过程的进行逐渐减小表明随精炼过程的进行，体系逐渐趋向于平衡状态，而 KTB 操作会使体系向平衡态移动的过程减缓，即能使体系的熵产生增大。

对应于熵产生，体系内耗散的能量 E 可由下式确定

$$E = T \cdot \sigma_{ent} \tag{8.4}$$

示于图 8.22。取钢液的定压比热容 $C_p = 680$ J/(kg · K)[209]，由式

$$\Delta T = \frac{E}{C_p \cdot \rho_l} \tag{8.5}$$

可以估算，在工况1的条件下，由气泡穿过液相时所作的曳力功、黏性和湍流耗散、扩散及C－O反应过程耗散所产生的能量引起的体系温度的升高，由最初的5.62 K/s左右降到15 min时的大约7.01×10^{-2} K/s。

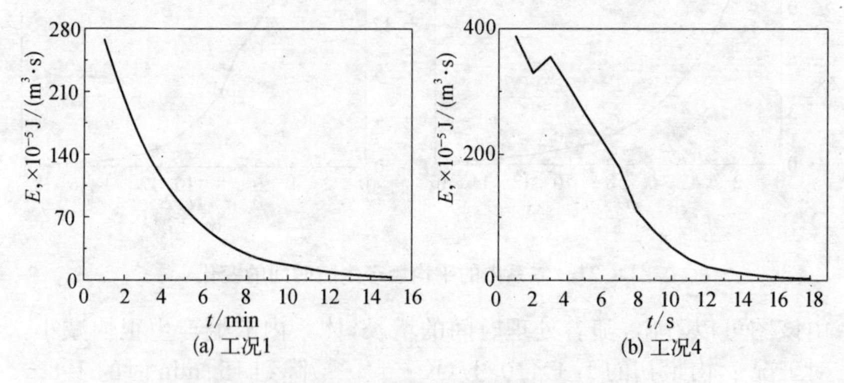

图8.22 体系内耗散的能量随时间的变化

非平衡活度系数的分析 如式(7.22)和(7.23)所表明的，钢液内C、O的非平衡活度系数的非平衡分量的贡献是表征体系非平衡特性的一个重要方面。由该模型给出的钢液内C、O非平衡活度系数的非平衡分量的值如图8.23和图8.24所示。可以看出，除有化学反应发生的部位(上升管、真空室)外，熔池中其他部位钢液内C、O非平衡活度系数的非平衡分量的值都趋于1，黏性和湍流耗散及扩散过程对钢液内C、O非平衡活度系数的贡献值几乎可以忽略不计。另外上升管部位、真空室熔体和真空室表面部位，钢液内C、O活度系数的非平衡分量的值依次减小，这与各部位脱碳反应进行的程度和速率的相对大小相对应，从上升管、真空室到真空室自由表面(包括液滴群)，脱碳反应进行的程度和速率呈递增关系。这与前述各反应区域对总脱碳效果的贡献也相吻合。

由图8.18，RH和RH－KTB精炼过程初期，非平衡过程——脱碳反应离平衡态较远，反应进行的程度和速率较大；随着精炼过程的不断进行，该反应逐渐趋于平衡态，反应进行的程度和速率不断降低。相应地，随着反应的不断进行，如图 8.23 和图 8.24 所示，C－O 反应本身对钢液内 C、O 非平衡活度系数的影响逐渐减弱。与常规 RH 过程相比，RH－KTB 过程的脱碳反应初期和中期，脱碳反应进行的程度和速率较大，因而钢液内 C、O 非平衡活度系数的非平衡分量的值比较小。无论是 RH 还是 RH－KTB 过程，随着精炼过程的不断进行，反应进行的程度和速率都逐渐降低，但常规 RH 过程的下降更快，二者之间的差别逐渐减小，钢液内 C、O 非平衡活度系数的非平衡分量的值都趋近于 1。

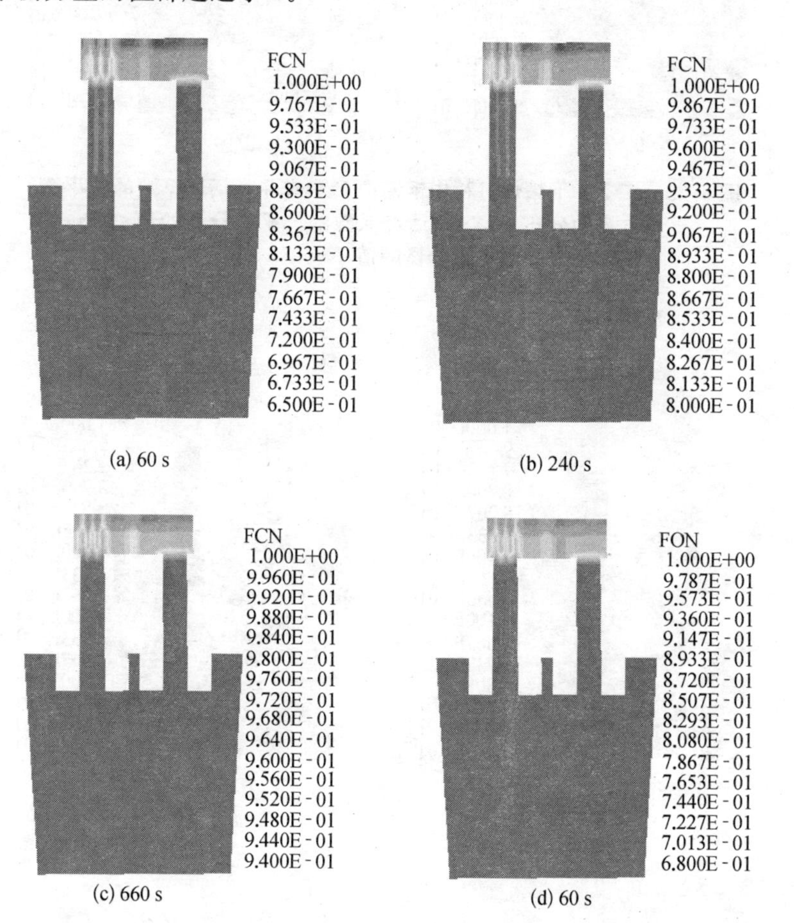

(a) 60 s

(b) 240 s

(c) 660 s

(d) 60 s

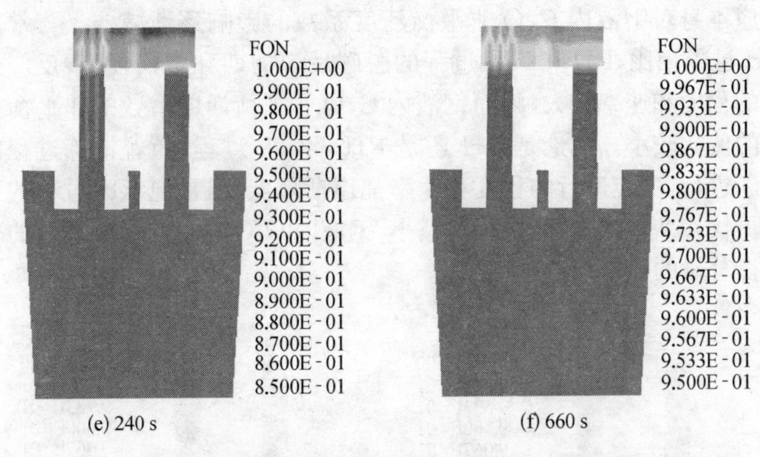

(e) 240 s (f) 660 s

图 8.23 工况 1 下精炼过程中钢液内 C、O 非平衡活度系数的非平衡分量的分布 FCN: C 活度系数的非平衡分量的值;FON: O 活度系数的非平衡分量的值

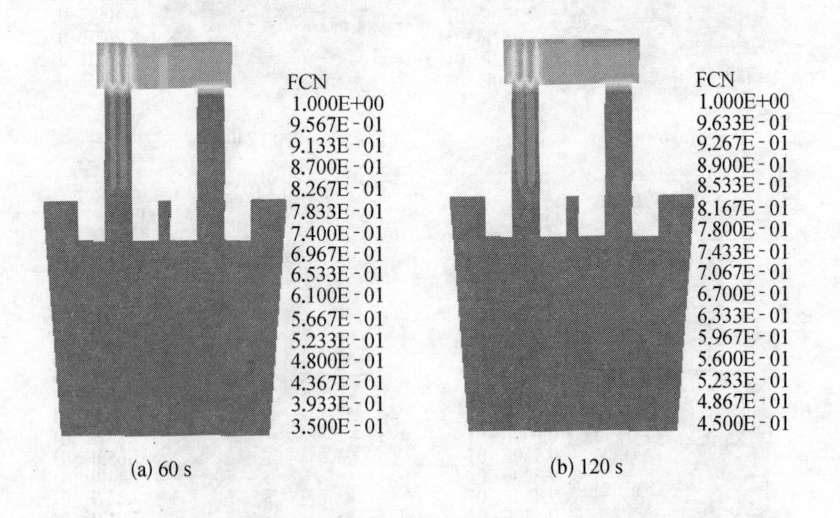

(a) 60 s (b) 120 s

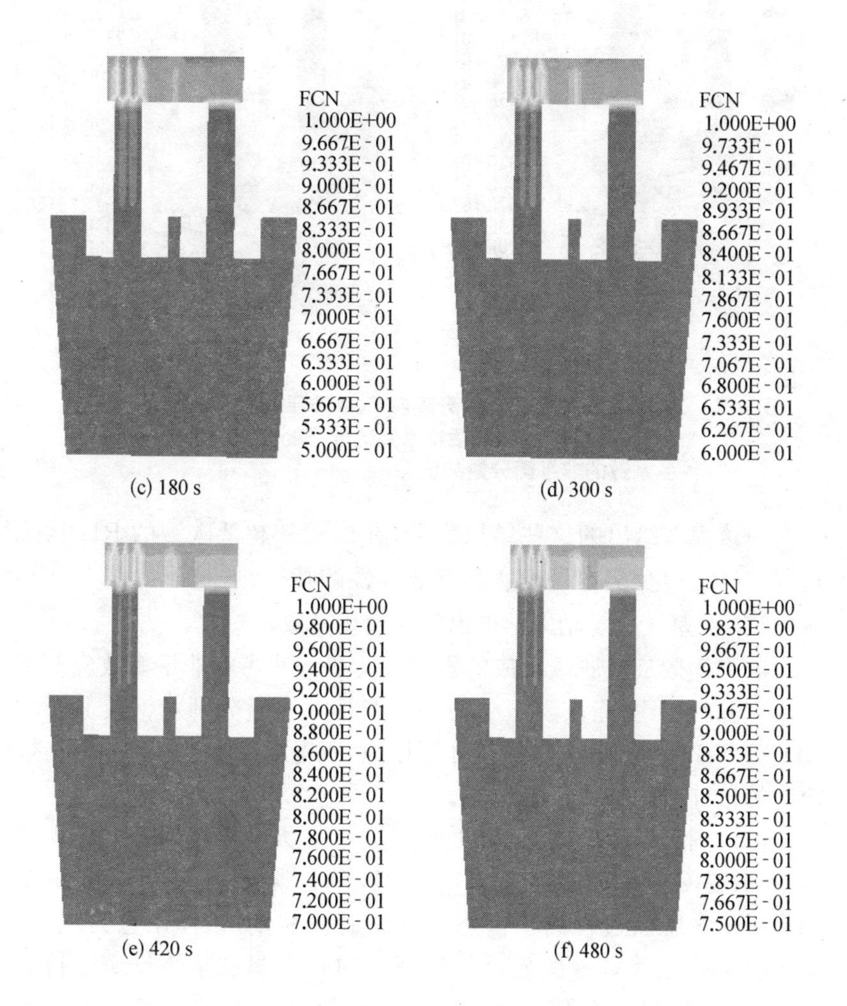

(c) 180 s　　(d) 300 s

(e) 420 s　　(f) 480 s

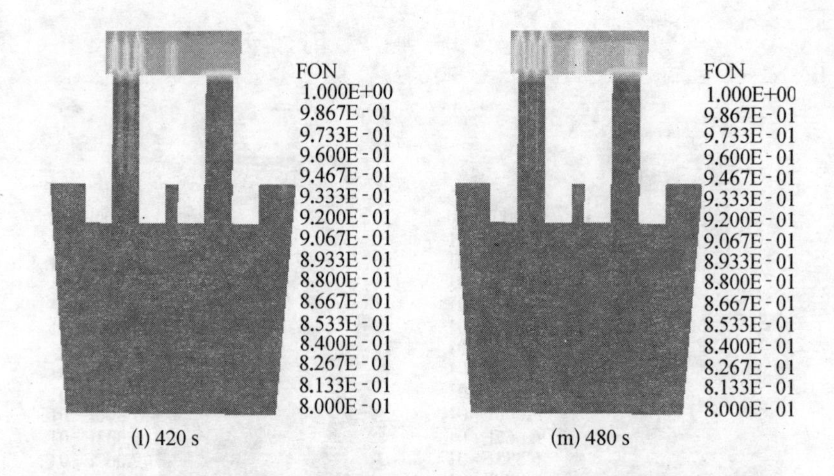

图 8.24 工况 4 下精炼过程中钢液内 C、O 非平衡活度系数的非平衡分量的分布 FCN：C 活度系数的非平衡分量的值；FON：O 活度系数的非平衡分量的值

由该模型给出的这些结果表明，在低碳和超低碳钢的 RH 精炼过程中，C－O 反应本身确实具有非线性的特征，这与 Tao 等[103,104]，Susa 等[105]基于化学动力学得出的结论相一致。

非平衡效应对脱碳反应的影响 为进一步考察非平衡效应对脱碳反应的影响，去除该模型中的各非线性效应后分别对钢液 RH 和 RH－KTB 精炼过程中的脱碳作了模拟，所得结果与考虑各非平衡效应时的估计值一并示于图 8.25。

由该图可以看出，黏性和湍流耗散、扩散及化学反应等非平衡效应，尤其是 C－O 反应本身的非平衡性，对脱碳反应起到了一定的抑制作用。在脱碳过程离平衡态较远的脱碳初期，该作用愈为明显。对工况 1，考虑了非平衡效应的钢液内的 C 含量在精炼反应进行到 3.33 min时，与未考虑非平衡效应的脱碳过程相比，差值达到最大，为 7.7×10^{-4} mass%，钢液内对应的 O 含量差值为 9.9×10^{-4} mass%。相应地，对工况 4，在 4.5 min 时差值达到最大，分别为32.6×10^{-4} mass%

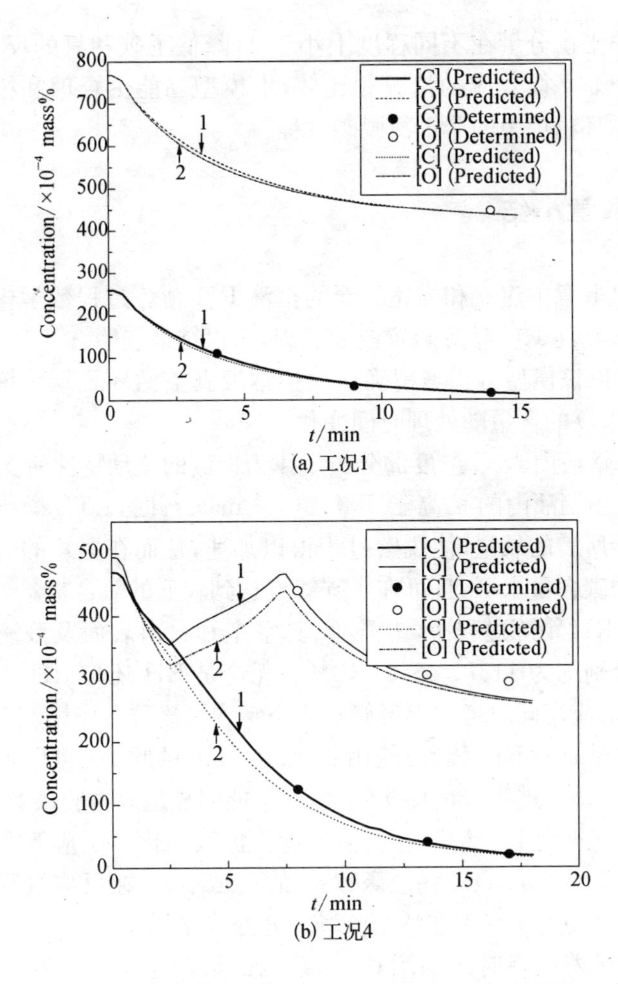

(a) 工况1

(b) 工况4

图 8.25　非平衡效应对钢液 RH 和 RH－KTB 精炼脱碳过程的影响

1—考虑了非平衡效应　2—未考虑非平衡效应

和 43.7×10^{-4} mass%。对脱碳反应的这种抑制作用主要来自 C－O 反应本身的非平衡性，即主要体现在钢液中碳和氧非平衡活度系数的非平衡分量的贡献。由于在各反应区域钢液中碳和氧非平衡活度系数的非平衡分量在不同程度上小于1，降低了碳和氧的反应活性。与未考虑非平衡效应的情况相比较，本模型当能更合理和精确地模拟真空循环精炼中的非平衡脱碳过程。

8.3 本章小结

将第七章中建立和描述的新的钢液RH精炼过程数学模型应用于90 t多功能RH精炼装置内的脱碳，所得结果表明：

(1) 以该模型可相当精确地模拟钢液真空循环脱碳精炼过程中钢液内C、O的含量随处理时间变化。

(2) 钢液内C、O浓度的分布规律为钢液的流动特性所支配。

(3) 当钢液内的C高于400×10^{-4} mass%时，KTB操作不仅可补充脱碳所需的氧量，使脱碳过程得以加速，从而在更短的时间内达到规定的碳含量水平，且可在脱碳终点达到较低的氧含量。

(4) RH精炼过程中，上升管、真空室和自由表面及液滴群的脱碳效果分别约为11%，46%，42%。无论是RH还是RH-KTB脱碳过程，都应当同时考虑上升管和真空室内液滴群的作用。

(5) 对90 t RH装置，使用417 NL/min的吹Ar量即可获得较好的脱碳效果，进一步增加吹气量，并不能明显地改善脱碳效果。

(6) 在钢液RH精炼过程中，流动、扩散和化学反应等非平衡过程对Rayleigh-Onsager耗散函数κ^2的贡献不大，在反应过程中非线性耗散因子$q_e(\kappa)\approx1$在整个流场中处处成立。

(7) 随着精炼时间的增长，体系内的熵产生和能量耗散很快减小。与气泡穿过液相时所作的曳力功、黏性和湍流耗散及扩散过程相比较，C-O反应本身对熵产生和能量耗散起主导作用，低碳和超低碳钢的RH精炼过程似乎接近非平衡态的线性区。

(8) 在钢液RH精炼过程中，黏性和湍流耗散及扩散过程对非平衡活度系数的影响几乎可予忽略不计，除有化学反应发生的部位(上升管、真空室)外，RH装置中其他部位钢液内C、O非平衡活度系数的非平衡分量都趋于 1。

(9) 非平衡效应(主要是碳氧反应本身)对 RH 精炼过程中钢液的脱碳反应有抑制作用,与未考虑非平衡效应的情况相比较,本模型能更合理和精确地模拟真空循环精炼中钢液的非平衡脱碳过程。

第九章 全文总结

基于喷吹工艺回顾了 RH 精炼技术的发展历程和取得的进展，概括了 RH 精炼技术的冶金功能。分析和综合了 RH 精炼过程的数学和物理模拟研究已有的成果和研究现状，特别地探讨了上升管中液相内气泡的直径和 RH 精炼过程脱碳机理的研究。介绍了非平衡态热力学的基本理论，并且以纯净钢(超低碳钢和超低硫钢)的真空循环(RH)精炼为例，说明了冶金过程的非线性和非平衡性特征，分析了冶金反应工程学和非平衡态热力学的异同，讨论了基于非平衡态热力学和冶金反应工程学的观点、原理和方法研究和处理实际冶金过程的必要性和可行性。指出：为真实地定量描述实际冶金过程，必须充分考虑其非平衡性和非线性的特点；非平衡态热力学在冶金领域应该和能够发挥其作用，应该加强、加速开展和进行冶金过程非平衡态热力学及其应用的研究。对非平衡态热力学线性区的几种特殊情况进行了本构关系、交互作用系数和唯象系数的分析，并简要介绍和评述了在这方面冶金工作者已经开展的工作；从热力学稳定性分析出发，介绍了非线性非平衡态热力学理论在铝电解和钢液的脱碳两个冶金过程中的应用，并指出其不足之处。在此基础上：

(1) 利用 1∶5 的水模型装置，研究了吹气管直径的变化对 90 t RH 装置内钢液的循环流动和混合特性的影响，结果表明：

1) 对 90 t RH 装置，环流量随吹气管直径的增大有所增大。考虑吹气管直径影响的环流量关系为：

$$Q_l \propto Q_g^{0.23} D_u^{0.72} D_d^{0.88}\ d_{in}^{0.13};$$

2) 本工作条件下，随着吹气管直径的增大，RH 钢包内液体流态基本不变。

3）本工作条件下，随着吹气管直径的增大，混合时间略有缩短；在吹气管直径为 1.2 mm 情况下，混合时间与搅拌能密度的关系为 $\tau_m \propto \varepsilon^{-0.49}$。

（2）基于气-液双流体模型，提出了 RH 循环精炼过程中钢液流动的数学模型。并应用该模型对 90 t RH 装置及线尺寸为其 1/5 的水模型装置内流体的流动作了模拟和估计，结果表明：

1）该模型可以相当精确地模拟整个 RH 装置内液体的循环流动。

2）吹入的提升气体难以到达上升管的中心部位，气体主要集中在管壁附近，存在气体的所谓附壁效应，在实际 RH 装置的条件下更为显著。

3）增大吹气量和插入管内径可有效地提高 RH 装置的环流量，在一定条件下存在使环流量达“饱和”的提升气体流量临界值。

4）该模型可相当精确地给出“饱和”环流量和相应的提升气体流量。

（3）基于非平衡态热力学和气液两相流的双流体模型，分析了钢液 RH 精炼非平衡脱碳过程的特点，建立了一个新的钢液 RH 精炼非平衡脱碳过程的过程数学模型，给出了该模型的具体细节，包括控制方程的建立，边界条件和源项，以及有关参数的选取和确定。应用该模型于 90 t 多功能 RH 装置内钢液的精炼，对 RH 和 RH - KTB 条件下的脱碳过程进行了模拟和分析，结果表明：

1）以该模型可相当精确地模拟钢液真空循环脱碳精炼过程中钢液内 C、O 的含量随处理时间变化。

2）钢液内 C、O 浓度的分布规律为钢液的流动特性所支配。

3）当钢液内的 C 高于 400×10^{-4} mass%时，KTB 操作不仅可补充脱碳所需的氧量，使脱碳过程得以加速，从而在更短的时间内达到规定的碳含量水平，且可在脱碳终点达到较低的氧含量。

4）RH 精炼过程中，上升管、真空室和自由表面及液滴群的脱碳效果分别约为 11%，46%，42%。无论是 RH 还是 RH - KTB 脱碳过程，都应当同时考虑上升管和真空室内液滴群的作用。

5）对90 t RH装置，使用417 NL/min的吹Ar量即可获得较好的脱碳效果，进一步增加吹气量，并不能明显地改善脱碳效果。

6）在钢液RH精炼过程中，流动、扩散和化学反应等非平衡过程对Rayleigh-Onsager耗散函数κ^2的贡献不大，在反应过程中非线性耗散因子$q_e(\kappa) \approx 1$在整个流场中处处成立。

7）随着精炼时间的增长，体系内的熵产生和能量耗散很快减小。气泡穿过液相时所作的曳力功、黏性和湍流耗散及扩散过程相比较，C－O反应本身对熵产生和能量耗散起主导作用，低碳和超低碳钢的RH精炼过程似乎接近非平衡态的线性区。

8）在钢液RH精炼过程中，黏性和湍流耗散及扩散过程对非平衡活度系数的影响几乎可予忽略不计，除有化学反应发生的部位（上升管、真空室）外，RH装置中其他部位钢液内C、O非平衡活度系数的非平衡分量都趋于1。

9）非平衡效应（主要是碳氧反应本身）对RH精炼过程中钢液的脱碳反应有抑制作用，与未考虑非平衡效应的情况相比较，本模型能更合理和精确地模拟真空循环精炼中钢液的非平衡脱碳过程。

本工作从冶金反应工程学和非平衡态热力学的观点、原理和方法出发，充分考虑钢液真空循环精炼中脱碳过程的非线性和非平衡性，进一步探索和搞清了真空循环精炼条件下脱碳过程的本质和内在规律，不同操作条件、工艺及几何参数等的影响，研制了更切合实际的新一代数学模型，可更精确地定量描述非平衡的实际过程，为钢液真空循环精炼和超低碳钢冶炼工艺的改进及过程控制提供了更可靠和更有效的理论依据和模型基础，也为同时应用冶金反应工程学和非平衡态热力学的观点、原理和方法研究多相、复杂、异形实际火法冶金过程做了有益的尝试和探索。

参 考 文 献

［1］ Haastert H. P.，Hahn F. J. Jahre RH-Verfahren. Stahl u. Eisen，1987，107(19)：875

［2］ Endoh K. Recent Advances and Future Prospects of Refining Technology. Nippon Steel Technical Report，1994，(61)：1

［3］ Nishikoori M.， Tada C.， Nishikawa H. Optimized Decarburization Process for Stainless Steel with Combination of Refining in Converter and RH Degasser. Kawasaki Steel Technical Report，1995，(32)：38

［4］ 刘良田. RH真空顶吹氧技术的发展. 武钢技术,1996，(7)：16

［5］ 汪明东,李扬州,仲剑丽. RH 钢水真空处理技术现状. 钢铁钒钛,1997，18(4)：35

［6］ Ehara T.，Nakai K.，Fujioka M. The KTB Method in the Word Steel Indoustry：Recent Process in Kawasaki Steel's Advanced Top Oxygen Blowing Method for the Vacuum Degasser. Kawasaki Steel Technical Report，1997，(36)：34

［7］ 刘建功,张　钊,刘良田. 武钢 RH 多功能真空精炼技术开发. 炼钢，1999，15(1)：3

［8］ 赵启云,李炳源. RH 用氧技术的发展与应用. 炼钢，2001，17(5)：54

［9］ 郭恒明. 宝钢一炼钢新建 2RH 真空脱气设施简介. 宝钢技术，2000，(2)：8

［10］ 张鉴. RH 循环除气法的新技术. 炼钢，1996，(2)：32

［11］ 冈田泰和,真屋敬一. RH 粉体上吹精炼法の开发. 铁と钢，1994，80(1)：9

[12] Ahn. S. B., Jumg W. G., Yin C. H., et al. Improvement of RH Refining Technology for Production of Ultra-Low Carbon Steel at KwangYang Works POSCO. 1997 Steelmaking Conference Proceedings, pp. 121-126

[13] Kawabara T., Umezawa K., Mori K. Investigation of Decarburization Behavior in RH-reactor and Its Operation Improvement. Trans. ISIJ, 1998, 28(3): 305

[14] 李扬州,张大德,薛念福,等. RH-MFB真空处理工艺技术. 钢铁钒钛, 2001, 22(3): 42

[15] Kang S. C., Kim K. C., Park J. M., Lee K. Y. Improvement of Decarburization Capacity of RH Degasser by Revamoing at Kuwangyang Works POSCO. Steelmaking Conference Proceedings, 2000, 80: 99

[16] Takashiba N., Okamoto H., Aizawa K. Development of High-Speed High-Efficiency Vacuum Decarburization Techniques in RH Degasser. Steelmaking Conference Proceedings, 1994, 77: 127

[17] Sumida N., Fuji T., Oguchi Y. et al. Production of Ultral-Low Carbon Steel by Combined Process of Bottom-Blown Converter and Rh Degasser. Kawasaki Steel Technical Report, 1983, (8): 69

[18] Inoue S., Furuno Y., USUI T., Miyahara S. Acceleration of Decarburization in RH Vacuum Degassing Process. ISIJ inter., 1992, 32(1): 120

[19] Yamaguchi K., Sakuraya T., Hamagami K. Development of Hydrogen Gas Injection Method for Promoting Decarburization of Ultra-low Carbon Steel in RH Degasser. Kawasaki Steel Technical Report, 1995, (32): 33

[20] 周有预,袁凡成,马勤学. 转炉-RH-连铸工艺生产高压气瓶

用钢洁净度的研究. 钢铁,2001, 36(2): 16
[21] 刘中柱,蔡开科. LD-RH-CC 工艺生产低碳铝镇静钢清洁度的研究. 钢铁,2001, 36(4): 23
[22] 朱卫民,金大中,李炳源,等. 300 吨 RH 脱氧效果的工艺研究. 钢铁,1992, 27(4):
[23] 金大中,董金生,陆连芳,等. RH 处理对低碳铝镇静钢洁净度影响的研究. 钢铁, 1996, (31): 26
[24] 赵启云,陈绿英. RH 轻处理工艺的探讨. 四川冶金,1998, (5): 29
[25] 赵启云,王亚东,李锡福,等. RH 处理低碳铝镇静钢的脱氧工艺优化. 炼钢,2001, 17(6): 11
[26] 张立峰,许中波,靖雪晶,等. RH 真空处理过程中钢中氧含量预测模型. 化工冶金,1997, 18(4): 367
[27] 朱卫民,金大中,李炳源. RH 处理去除钢种及杂物. 钢铁, 1991, 26(2): 22
[28] Okano N. 1997 Steelmaking Conference Proceedings
[29] 魏季和,朱守军,郁能文. 钢液 RH 精炼中喷粉脱硫的动力学. 金属学报, 1998, 34(5): 497
[30] Wei, J. H. Zhu S. J. and Yu N. W. Kinetic Model of Desulphurisation by Powder Injection and Blowing in RH Refining of Molten Steel. Ironmaking & Steelmaking, 2000, 27(2): 129
[31] Wei J. H., Wang M., Yu N. W. Mass Transfer Characteristics between Molten Steel and Particales in RH-KTB Refining. Ironmaking & steelmaking, 2001, 28 (6): 455
[32] 郑建中, 黄宗则, 费惠春,等. RH 精炼过程深脱硫的试验研究. 宝钢技术, 1999, (6): 33
[33] 艾立群, 蔡开科. RH 处理过程中钢液脱硫. 炼钢, 2001, 12

(6)：53
[34] 彭玮珂，林利平. RH顶喷粉脱硫工艺实践. 炼钢，2000，16(2)：21
[35] 汪明东,杨素波,赵启云,等. RH用脱硫剂实验室研究. 钢铁钒钛，2001，22(1)：48
[36] 陈义胜，贺友多,苍大强. RH真空室喷粉颗粒运动数学模型. 包头钢铁学院学报，2001，21(2)：122
[37] Sewald K. E. Supervisory Computer Control for the RH Vacuum Degasser. Iron and Steel Engineer，1991，68(7)：25
[38] Tachibana H.，Yamamoto T.，Narita K.，Nishida K. On-line End-point Guidance System for the Refining of Ultra-low-carbon Steel in RH Process. Steelmaking Conference Proceedings，1992，75：217
[39] Sewald K.，Sedlak A. J.，Shelenberger T. E. RH Degasser Kawasaki Top Blowing Computer Process Control. Steelmaking Conference Proceedings，1995，78：217
[40] Jung W. G.，Park D. S.，Chun T. H. and Lee S. Y. Development of Computer Control System for the RH Degasser at POSCO pohang Works. Steelmaking Conference Proceedings，1997，80：131
[41] Kleimt B.，Köhle S.，Ponten H . J.，Matissik W.，and Schewe D. Dynamic Modeling and Control of Vacuum Circulation Process. Ironmaking & Steelmaking，1993，20(5)：390
[42] Jungreithmeier A. Steelmaking Conference Proceedings，2001，84：587
[43] 李 青,马志刚,杜 斌. RH脱碳模型的建立和测试. 上海大学学报：自然科学版，2002，8(2)：119
[44] 王 庆,罢德纯,王晓东,等. RH－KTB炉外精炼过程监测软

件开发. 真空与低温，2002，8(3)：183

[45] 王 庆,罡德纯,王晓东,等. RH－KTB 炉外精炼过程的故障诊断专家系统. 工业加热，2003，(2)：22

[46] 张春霞,刘浏,刘昆华,等. RH 精炼过程计算机控制系统的发展. 冶金自动化，2000，(4)：1

[47] 王保军,周石光,张春霞,等. RH 精炼的过程控制系统及智能控制方法. 钢铁研究学报，2003，15(4)：66

[48] 刘 浏,杨 强,张春霞. RH 精炼钢水温度预报模型. 钢铁研究学报，2000，12(2)：15

[49] Seshadri V.，De Souza Costa S. L. Model Studies of RH Degassing Process. Trans. ISIJ，1986，26(2)：133

[50] 田中英雄，神原路晤，林顺一. 真空脱ガス法の环流量特性. 制铁研究. 1978，(293)：49

[51] 小野清雄，柳 田，加藤时夫,等. 水デルにずゐRH 脱ガス装置の环流量特性. 电气制钢，1981，52(3)：149

[52] 彭一川，李洪利，刘爱华,等. RH 水模型的理论和实验研究. 钢铁，1994，29(12)：15

[53] Hanna R. K.，Jones T.，Blake R. I.，Millman M. S. Water Modeling to Aid Improvement of Degasser Performance for Production of Ultra-low Carbon Interstitial Free Steels. Ironmaking and Steelmaking，1994，21(1)：37

[54] Kamata C.，Matrumura H.，Miyasaka H.，et al. Cold Model Experiments on the Circulation Flow in RH Reactor Using a Laser Doppler Velocimeter. Steelmaking Conference Proceedings，1998，81：609

[55] 马郁文. 90t RH 环流量的示踪法测定. 钢铁研究. 1988，(1)：78

[56] 宫 川,野 村,悦 男,等. R－H 真空脱ガス法にずゐ溶钢の环流速度の测定. 铁と钢，1967，53(3)：302

[57] 渡边秀夫,浅野钢一,佐伯毅. Some Chemical Engineering Aspects of R－H Degassing Process. 铁と钢，1968，54(13)：1372

[58] 斋藤忠. A New Method for measurement of Circulation Rate by the Water Model Experiment. R&D Kobe Steel Engineering Report，1965，(36)：40

[59] 宫川一男. Measurement of Circulation Rate of Molten Steel in R－H Degassing Process. 铁と钢，1967，53：302

[60] 区 铁,刘建功,张捷宇,等. RH法钢水定向循环流量操作模型的研究. 金属学报，1999，39(4)：411

[61] Ahrenhold F.，Pluschkell W. Circulation Rate of Liquid Steel in RH Degassers. Steel Research，1998，69(2)：54

[62] Wei J. H.，Yu N. W.，Fan Y. Y. et al. Study on Flow and Mixing Characteristics of Molten Steel in RH and RH－KTB Refining Processes[J]. Journal of Shanghai University，2002，6(2)：167

[63] 加腾时夫,冈本徹夫. Mixing of Molten Steel in a Ladle with RH Reactor by the Water Model Experiment. 电气制钢，1979，50(2)：128

[64] 徐匡迪,樊养颐,李维平. 钢包中的环流特性与搅拌效率. 特殊钢,1982，3(5)：30

[65] 樊世川,熊果元. 新结构RH真空脱气装置水模拟实验观察. 真空，2002，39(6)：35

[66] 齐凤升,王承阳,李宝宽. RH真空循环脱气装置水模型循环流量的实验分析. 材料与冶金学报，2002，1(4)：271

[67] 金永刚,许海虹,朱苗勇. RH真空脱气动力学过程的物理模拟研究. 炼钢，2000，16(5)：39

[68] Nakanishi K.，Szekely K.，Chang K. Experiment and Theoretical Investigation of Mixing Phenomena in the RH－

vacuum Process, Ironing and Steelmaking. Ironing and Steelmaking, 1975, 2(2): 115
[69] Tsujino R., Nakashima J., Hirai M., Sawada I. Numerical Analysis of Molten Steel Flow in Ladle of RH Process. ISIJ inter, 1989, 29(7): 589
[70] Szatkowski M., Tsai M. C. Turbulent Flow and Mixing Phenomena in RH Ladles: Effects of a Clogged Down-leg Snorkel. I & SM, 1991, (April): 65
[71] Kato Y., Nakato H., Fuji T., Ohmiya S., Takatori S. Fluid Flow in Ladle and Its effect on Decarburization Rate in RH Degasser. ISIJ inter., 1993, 33(10): 1088
[72] Filho G. A. V., Silva C. A., Travares R. P. Mathematical and Physical Modellig of CST's RH degasser ladle. 2001 Steelmaking Conference Proceedings, 2001, 84: 672
[73] Li B. K., He J. C. Numerical Simulation on Circulating Flow and Mixing of Molten Steel in RH Degassing System Employed a Coupled Domain-Splitting and Coordinate-Interlocking Technique. 1994 Steelmaking Conference Proceedings, 1994, 77: 723
[74] 朱苗勇,沙骏,黄宗则. RH 真空精炼装置内钢液流动行为的数值模拟. 金属学报, 2000, 36(11): 1176
[75] 贾 兵,陈义胜,贺友多,等. RH 真空室熔池和钢包内钢液整体流场的数学模拟. 钢铁研究学报, 2000, 12(增刊): 27
[76] Park Y. G., Doo W. C., Yi K. W., An S. B. Numerical Calculation of Circulation Flow Rate in the Degassing Rheinstahl-Heraeus Process. ISIJ inter., 2000, 40(8): 749
[77] Leibson I., Holcomb E. G., Cacoso A. G., Jacmic J. J. Rate of Flow and Mechanics of Bubble Formation from single Submerged Orifices. A. I. Ch. E. Journal, 1956,

(Sept). : 296

[78] Davidson L., Amick E. H. Formation of Gas Bubbles at Horizontal Orifices. A. I. Ch. E. Journal, 1956, 2(3): 337

[79] Kishimoto Y., Yamaguchi K., Sakuraya T. et. al. Decarburization Reaction in Ultra-low Carbon Iron Melt under Reduced Pressure. ISIJ Inter., 1993, 33(3): 391

[80] Sano M., Yetao H., Sawada T. et al. Decarburization and Oxygen Absorption of Molten Iron of Low Carbon Concentration with Blowing Ar-O_2 Mixture of Low Oxygen Pressure. ISIJ Inter., 1993, 33(8): 855

[81] Liu J., Harris R. Decarburizationof Steel to Ultra-low-carbon Levels by Vacuum Levitation. ISIJ Inter. 1999, 39 (1): 99

[82] 何　平,谢计卫. 钢包底吹气液两相流结构研究. 钢铁研究学报, 1996, 8(2): 6

[83] 刘　欢, 韩孝永. 梅山连铸中间包水模拟试验研究. 炼钢, 1999, 15(4): 29

[84] 张雅静, 徐广隽, 于光伟,等. 电磁场控制连铸结晶器内弯月面区域金属流动状态的试验研究. 东北大学学报(自然科学版), 2000, 21(2): 191

[85] 舍克里 J. 冶金中的流体流动现象. 彭一川,徐匡迪,樊养颐译. 冶金工业出版社,1985

[86] 浅井滋生. 撹拌を利用した精炼ブロセスにぉける流体运动と物质移动. 第 100、101 回西山纪念 S 术讲座,神户,东京,日本钢铁学会,1984, 65 - 81

[87] Castillejos A. H., Brimacombe J. K. Physical Characteristics of Gas Jets Injected Vertically Upward into Liquid Metal. Metallurgical Transactions B, 1989, 20B(10): 595

[88] 樊世川,李宝宽,赫冀成. 多管真空循环脱气系统循环流动模型. 金属学报,2001,37(10):1100

[89] 蔡志鹏,魏伟胜. 底吹过程喷射区含气率分布及气液上升速度模型. 钢铁,1988,23(7):19

[90] Themelis N. J., Tarassoff P., Szekely J. Gas-Liquid Momentum Transfer in a Copper Converter. Trans. Am. Soc. Met., 1969, 245: 2425

[91] Iguchi M., Kawabata H., Ito Y., Nakajima K., Morita Z. Measurement of Bubble Characteristics in a Molten Iron Bath at 1600℃ Using an Electroresistivity Probe. Metallurgical and Materials Transactions B, 1995, 26B(2): 67

[92] Szekely J., Martins G. P. Studies in Vacuum Degassing. Part I: Fluid Mechanics of Bubble Growth at Reduced Pressure. Trans. Am. Soc. Met., 1969, 245: 629

[93] Yamaguchi K., Kishimoto Y., Sakuraya T. et al. Effect of Refining Conditions for Ultra Low Carbon Steel on Decarburization Reaction in RH degasser. ISIJ Inter., 1992, 32(1): 126

[94] Takahashi M., Matsumoto H., Saito T. Mechanism of Decarburization in RH Degasser. ISIJ Inter., 1995, 35(12): 1452

[95] We J. H. i, Yu N. W. Mathematical Modeling of Decarburization and Degassing during Vacuum Circulation Refining Process of Molten steel: Application of the Model and Results. Steel Research, 2002, 73(4): 143

[96] Wei J. H., Yu N. W. Mathematical Modeling of Decarburization and Degassing during Vacuum Circulation Refining Process of Molten steel: Mathematical Model of the Process. Steel Research, 2002, 73(4): 135

[97] 朱苗勇，黄宗泽. RH 真空精炼过程的模拟研究. 金属学报，2001，37(1)：91

[98] Mori K.，Sano M.，Sato T. Size of Bubbles Formed at Single Nozzle Immersed in Molten Iron. Trans. ISIJ，1979，19：553

[98] Ozawa Y.，Mori K.，Sano M. The Behavior of Gas Jet Injected into Liquid Metal in Sonic Region. Trans. ISIJ，1982，22：377

[100] Iguchi M.，Kawabata H.，Ito Y.，Nakajima K.，Morita Z. Continuous Measurements of Bubble characteristics in a Molten Iron Bath with Ar Gas Injection. ISIJ inter.，1994，34(12)：980

[101] Xie Y. K.，Orsten S.，Oeters F. Behavior of Bubbles at Gas Blowing into Liquid Wood's Metal. ISIJ inter.，1992，32 (1)：66

[102] TatsuokaT.，Kamata C.，Ito K. Expansion of Injected Gas Bubble and Its Effects on Bath Mixing under Reduced Pressure. ISIJ inter.，1997，37(6)：557

[103] Tao T. X.，Susa M.，Nagata K. Non-linear Kinetics Analysis of Decarburization and Deoxidization of Liquid Iron by Ar-CO-CO_2 Gas Mixtures. ISIJ Inter. 1999，39(4)：301

[104] Tao T. X.，Susa M.，Nagata K. The Least Number of Chemical Reactions to Describe the Oxidation and Carburization of Liquid Iron in Irreversible Processes. ISIJ Inter.，1998，38(11)：1185

[105] Susa M.，Nagata K. Kinetics for Reaction of Low-Carbon Steel Melts with CO-CO_2 Gas Mixtures using Nonlinear Rate Equations. Metall. Trans. B，1995，26B(5)：997

[106] Kang S. C.，Kim K. C. RH 炉内脱碳反应及氧行为特征.

钢铁，1999，34(增刊)：352

[107] Suzuki K.，Mori K.，Kitagawa T. et al. Rate of Removal of Carbon and Oxygen from Liquid Iron. Tstsu-to-Hagané，1976，62：354

[108] 区 铁，周文英，张捷宇，等. 环流式真空脱气装置的脱碳反应速率. 金属学报，1999，35(7)：735

[109] Kato Y.，Kirihara T.，Fujii T. Analysis of Decarburication Reaction in RH Degasser and Its Application to Ultra-low Carbon Steel Production. Kawasaki Steel Technical Report，1995，3(32)：25

[110] 金永刚，许海虹，朱苗勇. RH－KTB 精炼中钢液溶氧过程动力学的水模拟研究. 钢铁研究学报，2001，13(3)：1

[111] Sakaguchi K.，Ito K. Measurement of the Volumetric Mass Transfer Coefficient of Gas-stirred Vessel under Reduced Pressure. ISIJ Inter.，1995，35(11)：1348

[112] 加腾嘉英，藤井澈也，末次精一 et al. RH 真空脱ガス装置の条件と脱碳反应特性. 铁と钢，1993，79(1)：32

[113] 李如生. 非平衡态热力学和耗散结构. 北京：清华大学出版社，1986

[114] De Groot S. R.，Mazur P 非平衡态热力学. 陆全康，译. 上海：上海科技出版社，1981

[115] Onsager L. Reciprocal Relations in Irreversible Processes，I. Phys. Rev.，1931，37：405

[116] Onsager L. Reciprocal Relations in Irreversible Processes，II. Phys. Rev.，1931，38：2265

[117] Prigogine I. Introduction to Thermodynamics of Irreversible Processes. Interscience，New York，1961

[118] Eckart. C. The Thermodynamics of Irreversible Processes，I. the Simple Fluid. Phys. Rev.，1940，58：267

[119] Eckart. C. The Thermodynamics of Irreversible Processes, II. Fluid Mixtures. Phys. Rev., 1940, 58: 269

[120] Eckart. C. The Thermodynamics of Irreversible Processes, III. Relativistic Theory of the Simple Fluid. Phys. Rev., 1940, 58: 919

[121] Meixner J., Reik H. Thermodynamik der Irreversiblen Prozesse (Handbuch der Physik III/2). S. Flugge, ed. Berlin: Speringer, 1959

[122] Prigogine I. Structure, Dissipation and Life, Communication Presented at First International Conference "The Orentical Physics and Biology", Versailles, North-Holland Pub., Amsterdam, 1967

[123] Haken H. Synergetics; 2nd ed. Berlin: Springer-Verlag, 1978

[124] Tom R. Structural Stability and Morphogenesis. Massachusetts: Benjamin, 1975

[125] Tou D., Casas-Vàzquez J., Lebon G. Extended Irreversible Thermodynamics, Second Revised and Enlarged Edition. Berlin: Springer-Verlag, 1996

[126] Eu B. C. Kinetic Theory and Irreversible Thermodynamics. New York: Wiley-Interscience Publication, 1992

[127] Eu B. C. Nonequilibrium Statistical Mechanics Ensemble Method. Netherland: Kluwer Academic Publishers, 1998

[128] 吴大猷. 理论物理第五册 热力学,气体运动论及统计力学. 北京: 科学出版社,1983

[129] Endoh K. Development of RH Powder Blasting Method — Development of Multi-Function Refining Technology. Sada Tetsu Togisata, 1989, (335): 20

[130] Endoh K. Development of Multi-Secondary Refining

Technology. Nippon Steel Tech. Rep., 1990, (4): 45
[131] Hatakeyama T., Mizukami Y., Igo K., et al. Development of A New Secondary Refining Process Using An RH Vacuum Degasser. Iron & Steelmaker, 1989, 15(7): 23
[132] Myrayama N., Mizukami Y., Azuma K., et al. Secondary refining Technology for Interstitial Free Steel at NSC. ISIJ, 1990, 30(1): 151
[133] Hale R. J., Merk R., and Otterman B. A. Operration and Running Process Aspects of RH - OB/PB Vacuum Degasser at ERIE Lake Works of STELCO. Steelmaking Conference Proc., 1990, 73: 69
[134] Ueharal H., Sutto M., Takahashi K., et al. Development of Desulphurization of Steel Melt by Blasting. CAMP - ISIJ, 1992, 5(10): 1240
[135] Okada Y., Fukawa M., Yata K., et al. Development of RH Powder Top Blowing Desulphurization Method in RH - Development of Desulphurization Method by powder Top Blowing under Reduced Pressure 2. CAMP - ISIJ, 1992, 5(11): 1238
[136] Okada Y. and Shinya H. Development of RH Powder Top Blowing Refining Process. Tetsu-to-Hagané, 1994, 80(1): T9
[137] 魏季和,胡汉涛. 冶金过程与非平衡态热力学. 包头钢铁学院学报,2002, 21(3): 197
[138] Wei J. H., Hu H. T. On Metallurgical Processes and Non-Equilibrium Thermodynamics. Steel Reseach int., 2004, 75(7): 449
[139] Slattery J. C. Interfacial Transport Phenomena. Berlin: Springer-Verlag, 1990
[140] Mori. K., Asai. H., Nomura H., Suzuki K. On Simultaneous

Reactions in Fe(l)-C-O. Tetsu-Hagané, 1971, 57: S55

[141] Ito K., Amona K., Sakao H. On the Kinetics of Carbon- and Oxygen-Transfer between CO-CO_2 Mixture and Molten Iron. Tetsu-Hagané, 1975, 61: 312

[142] Watanabe H., Asano K., Saeki T. Some Chemical Engineering Aspects of RH Degassing Process. Tetsu-Hagané, 1968, 54: 1327

[143] Fujii T., Muchi I. Theoretical Analysis on the Degassing Process in Upper Leg of RH Degassing Plant. Tetsu-Hagané, 1970, 56(9): 1165

[144] Bakakin A. B., Eshov A. A., Podgorquk U. G., Yakovenko G. F. Mathematical Model of Vacuum Circulation Refing of Metal. Izv. Vuz Ferrous Metallurgy, 1981, 9: 33

[145] Ohguchi S., Robertson D. G. C. Kinetic Model for Refining by Submerged Powder Injection: Part 1 Transitory and Permanent-Contact Reactions. Ironmaking & Steelmaking, 1984, 11(5): 262

[146] Ohguchi S., Robertson D. G. C. Kinetic Model for Refining by Submerged Powder Injection: Part 2 Bulk-phase Mixing. Ironmaking Steelmaking, 1984, 11(5): 274

[147] Hara Y., Kitaoka H., Sakuraya, et al. Production of Ultra-Low Sulfur Steel by Powder Injection Processes. SCANNINJECT IV, Luleå, Sweden, 1986, MEFOS, Part I: 18

[148] Koria S. C., Dutta R. Study of the Effect of Some Process Parameters on Powder Injection Refining by a Mathematical Model. Scand. J. Metallurgy, 2000, 29: 259

[149] Ohguchi S., Robertson D. C. G., Deo B., et al.

Simultaneous Dephosphorization and Desulphurization of Molten Pig Iron. Ironmaking & Steelmaking, 1984, 11(4): 202

[150] Robertson D. G. C. , Deo B. , Ohguchi S. Multicomponent Mixed-transport-control Theory for Kinetics of Coupled Slag/Metal and Slag/Metal/Gas Reactions: Application to desulphurization of Molten Iron. Ironmaking & Steelmaking, 1984, 11(1): 41

[151] Sawada I. , Ohashi T. , Kitamura T. The Mathematical Modelling of the Coupled Reactions in the Pretreatment of Molten Iron by Powder Injection. SCANINJECT IV, Luleå, Sweden, 1986, MEFOS, Part I: 12

[152] Wei J. H. , Mitchell A. Changes in Composition during A. C. ESR. Proc. 3rd Process Technol. Conf. , AIME, USA, 1982: 232

[153] Wei J. H. , Mitchell A. Changes in Composition during A. C. ESR Part I. Theoretical Mass-Transfer Model. Chinese J. Met. Sci. Technol. , 1986, 2(1): 11

[154] W J. H. , Mitchell A. Changes in Composition during A. C. ESR Part II. Laboratory Results and Analysis. Chinese J. Met. Sci. Technol. , 1986, 2(1): 24

[155] 魏季和, Mitchell A. 工业规模电渣重熔过程的传质模型分析. 金属学报, 1987, 23: B126

[156] Wei J. H. Oxidation of Alloying Elements during ESR of Stainless Steel. Chinese J. Met. Sci. Technique. , 1989, 5(4): 235

[157] 魏季和. 钢铁冶金中的非线性非平衡态综合传热传质问题, 第74 次香山科学会议,北京: 香山科学会议办公室, 1997. 5.

[158] Jonsson L. , Grip C. E. , Johansson A. , Pär Jönsson.

Three-phase (Steel, Slag, Gas) Modeling of the CAS-OB Process. Steelmaking Conference Proc., 1997, 80: 69

[159] Jonsson L., Du Sichen, Pär Jönsson. A New Approach to Model Sulphur refining in a Gas-Stirring Ladle — A Couple CFD and Thermodynamic Model. ISIJ Int., 1998, 38 (3): 260

[160] Solhed H., Alexis J., Sjöström U., Sheng Dong Yuan, Jonsson L. Application of Mathematical Modelling at MEFOS to Improve Metallurgical Processes. Proc. 1st Int. Conf. on Process Development in Iron- and Steelmaking (SCNME I), June, 1999, Luleå, Sweden; Scan. J. Metallurgy, 2000, 29: 127

[161] Andersson M. A. T., Jonsson L. T. I., Pär Jönsson. A Thermodynamic and Kinetic Model of Reoxidation and Desulphurisation in the Ladle Furnace. ISIJ Inter., 2000, 40: 1080

[162] Bekker J. G., Craig I. K., Pistorius P. C. Modeling and Simulation of an Electric Arc Furnace Process. ISIJ Inter., 1999, 39(1): 23.

[163] Traebert A., Modigell M., Monheim P., Hack K. Development of a Modeling Technique for Non-equilibrium Metallurgical Processes. Scand. J. Metallurgy, 1999, 28: 285

[164] Stratonovich R. L. Nonlinear Nonequilibrium Thermodynamics II: Advanced Theory. Berlin: Springer-Verlag, 1994

[165] Kirkaldy J. S. Coupled Flows and Diffusion. Steelmaking: The Chipman Conference, J. F. Elliott and T. R. Meadowcroft, The M. I. T. Press, 1965: 124

[166] Schumann R. Thermodynamics of Transport Processes, Steelmaking: The Chipman Conference, J. F. Elliott and T. R. Meadowcroft, The M. I. T. Press, 1965: 105

[167] Nagata K., Goto K. S. Transport Soeefficients of Ions and Interdiffusivitises in Multicomponent Ionic Solution of $CaO-SiO_2-Al_2O_3$ at 1500℃. J. Electrochem. Soc.: Electrochemical Science and technology, 1976: 1814

[168] Ma Z. T., Ni R. M. Connection between Diffusivity and Activity Coefficient. Steel Research, 1995, 66(8): 338

[169] 向井楠宏,古河洋文,土川孝. Fe 横移时の熔铁-なウぢ间の界面张力に关そゐ-考察. 铁と纲, 1978, (2): 215

[170] 徐采栋,林 榕. 不可逆过程热力学在冶金中的应用. 有色金属, 1982, (1): 27

[171] Sazou D., Pagitsas M. Periodic and Aperiodic Current Oscillation Induced by the Presece Chloride Ions during Electrondissolution of a Cobalt Electrode in Sulphuric Acid Solution. J. Electroanal. Chem., 1991, 312: 185

[172] Russel P. P., Newman. Experimental Determination of the Passive-Active Transition for Iron in 1M Sulfuric Acid. J. Electrochem. Soc.: Electrochemical Science and Technology, 1983, 130(3): 547

[173] Alkire R., Cangellari A. Effect of Benzotrialzole on the Anodic Dissolution of Iron in the Presence of Fluid Flow. J. Electroehem. Soc.: Electrochemical Science and Technology, 1988, 135(10): 2441

[174] Mazumdar D., Guthrie R. I. L. A Note on the Determination of Mixing Times in Gas Stirred Ladle Systems, ISIJ inter., 1995, 35(2): 220

[175] Mazumdar D., Guthrie R. I. L. Considerations Concerning

the Numerical Computation of Mixing Times in Steelmaking Ladles. ISIJ inter., 1993, 33(4): 513

[176] Mazumdar D., Guthrie R. I. L. Discussion of "Mixing Time and Fluid Flow Phenomena in Liquids of Varying Kinematic Viscosities Agitated by Bottom Gas Injection ". Metal. Mater. Trans., 1999, 30(4): 349

[177] Murthy G. G. K., Elliott J. F. Definition and Determination of Mixing Time in Gas Agitated Liquid Baths. ISIJ inter., 1992, 32(2): 190

[178] Shirabe K., Szekely J. A Mathematical Model of Fluid Flow and Inclusion Coalescence in the RH Vacuum Degassing System. Trans. ISIJ, 1983, 23: 475

[179] Ajmani S. K., Dash S. K., Chandra S., Bhanu C. Mixing Evaluation in the RH Process Using Mathematical Modeling. ISIJ Inter., 2004, 44(1): 82

[180] Chen C. L., Zhang J. Y., Du B., et al. Simulation Study on Distribution of Void Fraction in Copper Converter Bath, Trans. Nonferrous Met. Soc. China, 2001, 11(6): 950

[181] Spalding D. B. Recent Advances in Numerical Methods in Fluids, ed. by C. Taylor and K. Morgan, Pinebridge Press, Swansea, London, UK, 1980: 139

[182] Turkoglu H., Farouk B. Numerical Computations of Fluid flow and Heat Transfer in Gas Injected Iron Baths. ISIJ Inter., 1990, (11): 961

[183] Ilegbusi O. J., Szekely J. The Modeling of Gas-bubble Driven Circulation System. ISIJ Inter., 1990, 30(9): 731

[184] Ilegbusi O. J., Szekely J., Iguchi M., Takeuchi H., Morita Z. A Comparison of Experimentally Measured and Theoretically Calculated Velocity Field in Water Model of an

Argon Stirred Ladle. ISIJ Inter., 1993, 33(4): 474

[185] Ilegbusi O. J., Iguchi M., Nakajima K., Sano M., Sakamoto M. Modeling Mean Flow and Turbulence Characteristics in Gas-Agitated Bath with Top Layer. Metal. Trans. B, 1998, 29 (2): 211

[186] Tilliander A., Jonsson T. L. I., Jönsson P. G. Fundamental Mathematical Modeling of Gas Injection in AOD. ISIJ Inter., 2004, 44(2): 326

[187] Kuo J. T., Wallis G. B. Flow of Bubbles though Nozzles, Int. J. Multiphase Flow. 1998, 14(5): 547

[188] PHOENICS Ver. 3. 5 "Encyclopedia", CHAM Ltd., London, UK, 2002

[189] Lopez de Bertodano M., Lee S. J., Lahey R. T., Drew D. A. J. Fluid Eng., 1990, 112: 107

[190] Svendsen H. F., Jakobsen H. A., Torvik R. Local Flow Structures in Internal Loop and Bubble Column Reactors. Chem. Eng. Sci., 1992, 47: 3297

[191] 盖格 G. H.，波依里尔 D. R. 冶金中的传热传质现象. 俞景禄,魏季和,译. 北京：冶金工业出版社,1981

[192] Wei J. H., Xiang S. H., Fan Y. Y., et al. Basic Equations and Calculation Procedure for Analysis of Gas Flow Properties in Tuyere under the Influence of Heat Source. Steel Research, 2001, 72(5+6): 161

[193] Ji-He Wei, Shun-Hua Xiang, Yang-Yi Fan, et al. Calculation Results and Analysis of Gas Flow Properties in Tuyere under the Influence of Heat Source, Steel Research, 2001, 72(5+6): 168

[194] Ji-He Wei, Shun-Hua Xiang, Yang-Yi Fan, et al. Design and Calculation of Gas Property Parameters for Constant

Area Lance under Conditions of Friction Flow with Heating, Ironmaking & Steelmaking. 2000, 27(4): 294

[195] Turkdogen E. T. 高温工艺物理化学. 魏季和,傅杰译. 北京: 冶金工艺出版社, 1988

[196] Iguchi M., Morita Z., Tokunaga H., Tatemichi H. Heat Transfer between Bubbles and Liquid during Cold Gas Injection. ISIJ inter., 1992, 32 (7): 865

[197] Tokunaga H., Iguchi M., Tatemichi H. Heat Transfer between Bubbles and Molten Wood's Metal. ISIJ inter., 1995, 35(1): 21

[198] Yu N. W. Mathematical and Physical Modeling of Multifunction RH Refining Process. Ph. D. thesis, Shanghai University, 2001

[199] 陈矛章. 黏性流体动力学理论及紊流工程计算. 北京: 北京航空学院出版社, 1986

[200] 贺友多. 传输过程的数值方法. 北京: 冶金工业出版社, 1991

[201] 孙亚琴,李远洲. 氧化铁活度系数 γ(FeO)计算公式的热力学评估. 包头钢铁学院学报, 2001, 20(3): 219

[202] Hughmark G. A. Process Design and Development. I & EC, 1967, (6): 218

[203] Levich V. G. 物理化学流体动力学. 戴干策,陈敏恒,译. 上海: 上海科技出版社. 1965: 458

[204] Park Y. G., Yi K. W. A New Numerical Model for Predicting Carbon Concentration during RH Degassing Treatment. ISIJ inter., 2003, 43(9): 1403

[205] Kraus T. Trans. Vacuum Metallurgy Conf. AVS, ed. By R. F. Bunshah. Boston: Ame. Sco., 1963: 73

[206] Harashima K., Kiyose A., Inomoto T., Yano M., Miyazawa K. Kinetics of Decarburization Reaction of

Molten Steel with CO Bubble Evolution in Pressure Decreasing Stage. Tetsu-to Hagané, 1994, 80(7): 29

[207] Higuchi Y., Ikenaga H., Shirota Y. Effect of [C], [O] and Pressure on RH Vacuum Decarburization. Tetsu-to Hagané, 1998, 84(10): 21

[208] 黄希诂. 钢铁冶金原理. 北京：冶金工业出版社，2001

[209] 陈家祥. 连续铸钢手册. 北京：冶金工业出版社，1990

[210] Qu Y. Fundamentals of Steelmaking, 2nd edn. Beijing: Metallurgical Industry Press, 1994: 178

[211] Eu B. C., Khayat R. E. Extended irreversible thermodynamics, generalized hydrodynamics, kinetic theory, and rheology. Rheologica Acta, 1991, 30(3): 204

[212] Bhattacharya D. K., Eu B. C. Viscoelastic Properties of dense Fluids: Two-dimensional Viscosities. Physical Review A, 1987, 35(11): 4650

致　谢

本论文是在导师魏季和教授的悉心指导下完成的，整篇论文的字里行间都倾注了魏老师的大量心血。导师严谨的治学态度、敏锐的洞察力、渊博的学识、对科学不倦的追求精神以及对学生的殷勤教诲和激励，使我受益匪浅，终生难忘。在此对导师多年来的辛勤培养致以最诚挚的感谢！同时也要感谢导师和师母在生活和做人上对我的无尽关怀！

本工作属于国家自然科学基金项目，感谢国家自然科学基金委员会对该项目的资助（No. 50074022）。

感谢杨森龙老师、马金昌老师、陈月娣老师、李英正老师和邵震炯老师！他们在实验方面的大力帮助使得我的实验工作得以顺利完成。

整个计算得到了范静龙先生的无私指点和大力帮助，在此向他表示真心的感谢。

感谢徐建伦老师、郑少波老师和尤静林老师几年来在学业上给予我的启迪和帮助！

感谢师弟朱宏利、黄会发、王新超、王海江和师妹曹英、温丽娟！他们在生活和工作上给予了我大量的帮助。

五年来，陈辉、雷作胜、李一为、张玉文、李长荣和孙铭山同学在学习上与我进行了热情洋溢的讨论，在此对他们的无私帮助致以衷心的感谢！

在此，向所有关心、支持与帮助过我的同学表示诚挚的谢意。

最后，深深的感谢养育我并在我成长过程中付出诸多的父亲、兄长和家人！博士论文期间，始终得到了我的妻子桑伟金女士和岳父岳母的理解、鼓励、支持和无微不至的关怀，使我能够顺利完成学业。在此对他们表示深深的感谢！

作者在攻读博士学位期间公开发表的论文

1. **HanTao Hu** and JiHe Wei. Mathematical Modeling of the Molten Steel Flow During RH Refining Process, EPD Congress 2005, 2005 TMS (The Minerals, Metals & Materials Society) Annual Meeting, Edited by M. E. Schlesinger, TMS,2005.

2. JiHe Wei, **HanTao Hu**. On Metallurgical Processes and Non-Equilibrium Thermodynamics, Steel Research int., Vol. 75(2004), No. 7.

3. **胡汉涛**,魏季和,黄会发等. 吹气管直径对RH精炼过程钢液流动和混合特性的影响,特殊钢,2004,No. 10。

4. **胡汉涛**,魏季和,茅洪祥. 神经网络在连铸用保护渣开发上的应用,上海金属,2004,No. 1。

5. 黄会发,魏季和,郁能文,**胡汉涛**. RH精炼技术的发展,上海金属,2003,No. 6。

6. 魏季和 **胡汉涛**. 冶金过程与非平衡态热力学,包头钢铁学院学报, 2002, No. 3。

7. **胡汉涛**,魏季和,茅洪祥. 高速连铸用结晶器保护渣, 炼钢 2001, No. 6。